全国高职高专机电类专业规划教材

机械设计实训指导

主　编　尹盛莲　杨文杰
副主编　国　磊　黄　帆
　　　　沈丽虹　冉书明
主　审　张志光

黄河水利出版社
·郑州·

内 容 提 要

本书是全国高职高专机电类专业规划教材，是根据教育部对高职高专教育的教学基本要求及中国水利教育协会职业技术教育分会高等职业教育教学研究会组织制定的机械设计实训指导课程标准编写完成的。全书共分7个学习项目，主要介绍了传动装置的总体设计、传动零件的设计计算、减速器的润滑与结构选择、装配图的绘制、零件图的绘制、计算说明书的编制、参考图例等。本书为实训指导的教材，以一级减速器为例介绍机械设计的全过程，书中附有大量的图和表，如最新的国家标准和规范、参考图例、设计题目及答辩题等，便于学生设计时应用。本书与《机械设计基础》（张志光、沈丽虹、冉书明主编，黄河水利出版社出版）配套使用。

本书可作为高等职业技术学院、高等专科学校、成人高校等机械、机电及近机类专业的实训用书，也可供社会职业教育培训使用，还可作为各级各类学校相关专业师生的实训参考书。

图书在版编目（CIP）数据

机械设计实训指导/尹盛莲，杨文杰主编. —郑州：黄河水利出版社，2016.8 （2021.8 修订重印）
全国高职高专机电类专业规划教材
ISBN 978-7-5509-1444-5

Ⅰ.①机… Ⅱ.①尹…②杨… Ⅲ.①机械设计-高等职业教育-教学参考资料 Ⅳ.①TH122

中国版本图书馆 CIP 数据核字（2016）第 189180 号

组稿编辑：王路平　电话：0371-66022212　E-mail：hhslwlp@163.com

出 版 社：黄河水利出版社　　网址：www.yrcp.com
地址：河南省郑州市顺河路黄委会综合楼 14 层　　邮政编码：450003
发行单位：黄河水利出版社
发行部电话：0371-66026940、66020550、66028024、66022620（传真）
E-mail：hhslcbs@126.com
承印单位：河南匠之心印刷有限公司
开本：787 mm×1 092 mm　1/16
印张：8
字数：190 千字　　印数：4 101—7 000
版次：2016 年 8 月第 1 版　　印次：2021 年 8 月第 2 次印刷

定价：18.00 元

前 言

本书是贯彻落实《国家中长期教育改革和发展规划纲要(2010~2020年)》、《国务院关于加快发展现代职业教育的决定》(国发〔2014〕19号)、《现代职业教育体系建设规划(2014~2020年)》等文件精神,在中国水利教育协会指导下,由中国水利教育协会职业技术教育分会高等职业教育教学研究会组织编写的机电类专业规划教材。该套教材以学生能力培养为主线,体现出实用性、实践性、创新性的教材特色,是一套理论联系实际、教学面向生产的高职高专教育精品规划教材。

为了不断提高教材质量,编者于2021年8月根据近年来在教学实践中发现的问题和错误,对全书进行全面修订和完善。

本书以一级圆柱齿轮减速器及以齿轮减速器为主体的一般机械传动装置的设计过程为例,按照实际工作过程,分成7个学习项目,对每一工作过程逐一进行具体、扼要的阐述,并注意讲清楚设计中各个阶段的设计思想及设计方法,注意设计思路和方法的引导,启迪学生在融汇贯通的基础上进行设计。针对目前课程教学中的薄弱环节及设计中易出现的错误,除加强了结构设计方面的内容外,还用大量的图例,采用正误对照的形式,表达设计中常见的错误结构,使学生在设计中少走弯路。学生使用本书经教师适当指导就能独立完成课程设计。

本书从实际要求出发,教材上有的内容不再摘录,力求内容精简、适用,题目难度适中,符合高职高专的教学要求,对设计步骤、报告的撰写以及设计过程需要注意的事项,做了详尽的说明。本书采用了最新国家标准、规范和设计资料。为了缩减篇幅和便于使用,书中摘录的标准和规范都根据常用的参数范围进行了精心压缩和编排。

本书与《机械设计基础》(张志光、沈丽虹、冉书明主编,黄河水利出版社出版)配套使用。

本书编写人员及编写分工如下:山东水利职业学院尹盛莲编写前言、学习项目四;山东水利职业学院国磊编写学习项目一;福建水利电力职业技术学院黄帆编写学习项目二;安徽水利水电职业技术学院杨文杰编写学习项目三;山东水利职业学院时培刚编写学习项目五;山东水利职业学院刘深编写学习项目六;沧州职业技术学院张雪娜、重庆水利电力职业技术学院冉书明编写学习项目七;山西水利职业技术学院沈丽虹编写附录。本书由尹盛莲、杨文杰担任主编;由国磊、黄帆、沈丽虹、冉书明担任副主编;由国磊负责全书统稿;由山东水利职业学院张志光担任主审。

本书的编写参阅了一些国内和国外出版的同类书籍,在此特向有关作者表示衷心的感谢!

由于时间仓促,本书难免存在缺点和疏漏,恳请广大读者批评指正。

编 者

2021年8月

目　录

前　言
学习项目一　传动装置的总体设计 …………………………………………………… (1)
任务一　了解设计的目的、内容和任务 …………………………………………… (1)
任务二　分析选择传动方案 ………………………………………………………… (7)
任务三　选择电动机 ………………………………………………………………… (8)
任务四　计算传动装置的运动和动力参数 ………………………………………… (11)
学习项目二　传动零件的设计计算 ………………………………………………… (12)
任务一　设计带传动 ………………………………………………………………… (12)
任务二　设计一级圆柱直齿齿轮传动 ……………………………………………… (12)
任务三　选择联轴器 ………………………………………………………………… (13)
任务四　设计低速轴 ………………………………………………………………… (14)
任务五　设计高速轴 ………………………………………………………………… (14)
任务六　选择校核键 ………………………………………………………………… (14)
任务七　选择校核轴承 ……………………………………………………………… (14)
学习项目三　减速器的润滑与结构选择 …………………………………………… (15)
任务一　了解减速器的结构及箱体结构 …………………………………………… (15)
任务二　滚动轴承组件的结构设计 ………………………………………………… (24)
任务三　减速器的润滑与密封 ……………………………………………………… (27)
任务四　设计减速器附件 …………………………………………………………… (33)
学习项目四　绘制装配图 …………………………………………………………… (42)
学习项目五　绘制零件图 …………………………………………………………… (51)
任务一　绘制轴类零件 ……………………………………………………………… (51)
任务二　绘制齿轮零件 ……………………………………………………………… (53)
任务三　绘制铸造箱体零件图 ……………………………………………………… (54)
学习项目六　编制设计计算说明书 ………………………………………………… (59)
任务一　了解说明书的要求 ………………………………………………………… (59)
任务二　了解说明书内容 …………………………………………………………… (60)
任务三　准备答辩 …………………………………………………………………… (60)
学习项目七　参考图例 ……………………………………………………………… (63)

附　录 …………………………………………………………………………（82）

附录 A　润滑与密封 ……………………………………………………………（82）

附录 B　电动机 …………………………………………………………………（90）

附录 C　联轴器 …………………………………………………………………（95）

附录 D　联接件 …………………………………………………………………（102）

附录 E　轴　承 …………………………………………………………………（115）

参考文献 ……………………………………………………………………（120）

学习项目一　传动装置的总体设计

任务一　了解设计的目的、内容和任务

一、课程设计的目的

机械设计基础课程设计是学生学习机械设计基础课程后进行的一项综合训练。其主要目的是:

(1)通过课程设计,巩固、加深机械设计基础及有关课程的知识,提高学生综合运用这些知识去分析和解决问题的能力。

(2)学习和掌握通用机械零部件、机械传动及一般机械设计的基本方法与步骤,为今后学习专业技术知识打下必要的基础。

(3)提高学生运用设计资料、国家标准、规范去解决设计问题的能力。

(4)提高学生在机械设计中运用计算机的能力。

二、课程设计的内容

机械设计基础课程设计一般选择由本课程所学过的大部分通用机械零件所组成的机械传动装置或简单机械作为设计题目。而减速器包含齿轮、轴、轴承、键、联轴器及箱体等零件,包括了本课程的主要内容,选择减速器进行设计可以使学生得到较全面的基本训练。故目前主要采用以减速器为主体的机械传动装置作为设计内容。

设计的主要内容包括:

(1)拟订和分析传动方案。

(2)选择原动机,计算总传动比及分配各级传动比,计算传动装置运动、动力参数。

(3)传动件的设计。

(4)轴的设计及键联接的选择与校核。

(5)轴承及其组合部件的设计,联轴器的选择。

(6)箱体及附件的设计。

(7)润滑和密封的设计。

(8)装配图和零件图的设计与绘制。

(9)设计说明书的编写。

三、课程设计的要求和注意事项

机械设计基础课程设计是学生第一次进行比较全面的综合训练。在设计过程中学生

必须严肃认真、刻苦钻研、一丝不苟、精益求精，还要积极思考，主动提问，及时向指导教师汇报情况，并注意处理好以下几个问题，才能在设计思想、设计方法和技能上都获得比较大的锻炼和提高：

(1)参考和创新的关系。设计是一项复杂、细致的工作，任何设计都不可能是设计者脱离前人长期积累的经验资料而凭空想象出来的。熟悉和利用已有的资料，既可避免许多重复工作，加快设计进程，同时是提高设计质量的重要保证。善于掌握和使用各种资料正是设计工作能力的重要体现。然而，任何新的设计任务都有其特定的设计要求和具体的工作条件，因而在设计时不可盲目、机械地抄袭资料，而应具体地分析，吸收新的技术成果创造性地进行设计。

(2)课程设计应是在教师指导下由学生独立完成。教师的主导作用在于指明设计思路、启发学生独立思考，解答疑难问题，并按设计进度进行阶段审查。学生必须发挥自己的主观能动性，积极主动地思考问题、分析问题、解决问题，而不应过分地依赖教师，避免"知其然，不知其所以然"。

(3)标准和规范的采用。设计中采用标准和规范，有利于零件的互换性和采用先进加工工艺，可以收到良好的经济效益；可减轻设计工作量，节省设计时间，这也是评价设计质量的指标之一。因此，设计时要严格遵守和执行国家标准。如带轮的直径和带的长度、齿轮的模数、轴承的尺寸等应取标准值。为了制造、测量和安装的方便，一些非标准件的尺寸应尽量圆整成标准数列或选用优先数列，如轴的各段直径的选取。

(4)设计计算和结构要求的关系。设计时设计计算只是提供一个零件的最小尺寸或提供一个方面的依据，还应根据结构和工艺的要求确定尺寸，然后校核强度，或者直接根据经验公式计算尺寸。

(5)学生应在教师的指导下制订设计的进度，并按计划保质保量地完成任务。避免"前松后紧"以至于后来时间太紧而无法完成任务。

四、课程设计的任务

(一)设计题目一：带式运输机传动系统中的一级圆柱齿轮减速器(V带传动)

带式运输机中的传动装置运动简图如图1-1所示。

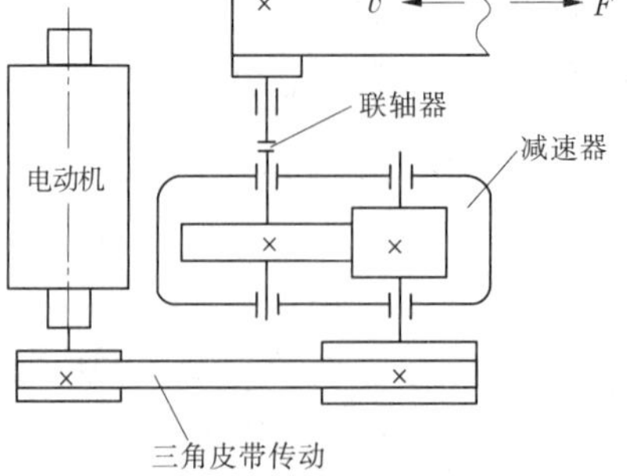

图1-1　带式输送机中的传动装置运动简图

工作条件：输送机连续工作，单向运转，载荷变化不大，空载启动，使用期限10年，两班制工作，输送带速度容许误差为±5%。

原始数据如表1-1所示。

表1-1　原始数据

已知条件	题号				
	1	2	3	4	5
输送带拉力 F(N)	3×10^3	2.9×10^3	2.6×10^3	2.5×10^3	2.2×10^3
输送带速度 v(m/s)	1.5	1.4	1.6	1.5	1.6
滚筒直径 D(mm)	400	400	450	450	450

（二）设计题目二：带式运输机传动系统中的一级圆柱齿轮减速器（链传动）

带式运输机一级圆柱齿轮减速器简图如图1-2所示。

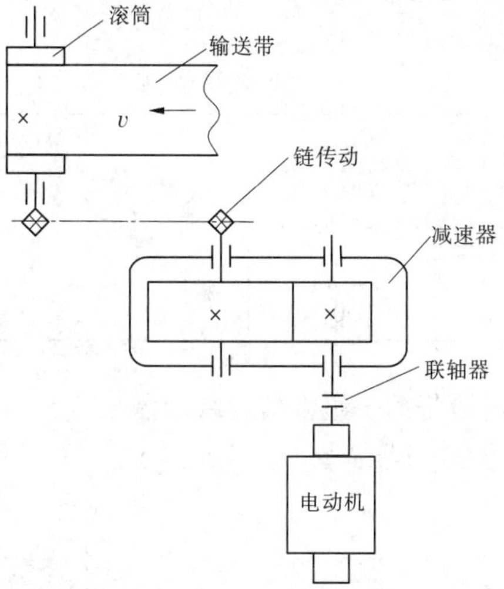

图1-2　带式运输机一级圆柱齿轮减速器简图

工作条件：传动不逆转，载荷平稳，启动载荷为名义载荷的1.25倍，输送带速度容许误差为±5%。

原始数据如表1-2所示。

表1-2　原始数据

已知条件	题号			
	1	2	3	4
输送带拉力 F(N)	3 200	3 000	2 800	2 600
输送带速度 v(m/s)	1.7	1.7	1.7	1.7
滚筒直径 D(mm)	450	450	450	450
每日工作时数 T(h)	16	16	16	16
传动工作年限（年）	10	10	10	10

(三)设计题目三:螺旋输送机传动系统中的一级圆柱齿轮减速器

螺旋输送机一级圆柱齿轮减速器简图如图 1-3 所示。

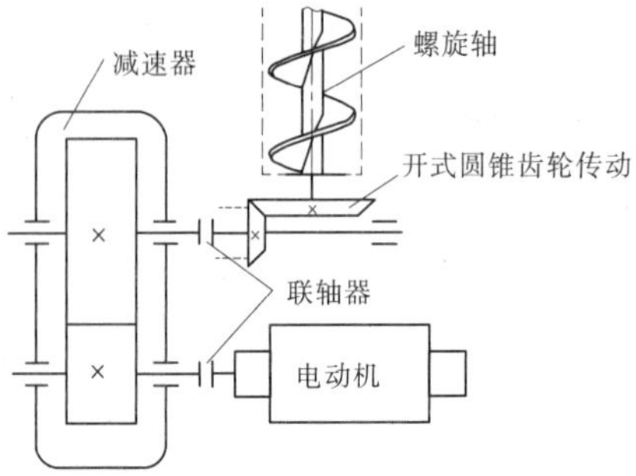

图 1-3　螺旋输送机一级圆柱齿轮减速器简图

工作条件:螺旋输送机单向运转,有轻微振动,两班制工作,使用期限 5 年,输送机螺旋轴转速的容许误差为 ±5%,减速器小批量生产。

原始数据如表 1-3 所示。

表 1-3　原始数据

已知条件	题号			
	1	2	3	4
输送机螺旋轴功率 P(kW)	3.5	4	4.5	5
输送机螺旋轴转度 n(r/min)	50	55	60	65

(四)设计题目四:传送设备的一级锥齿轮减速器

传送设备的一级锥齿轮减速器简图如图 1-4 所示。

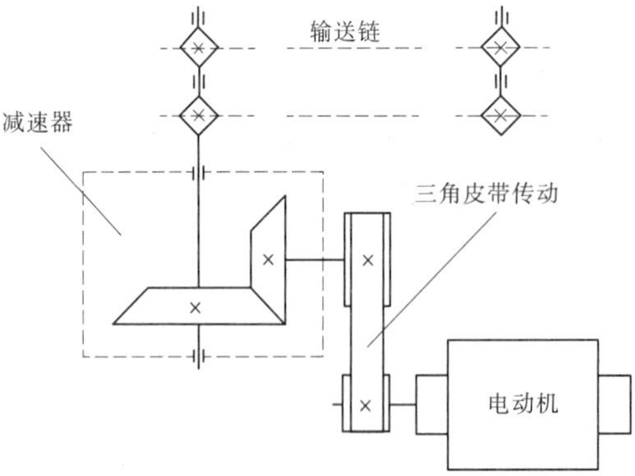

图 1-4　传送设备的一级锥齿轮减速器简图

工作条件:单向运转,载荷平稳,启动载荷为名义载荷的 1.25 倍,每天工作 16 h,使用期限 10 年,输送链速度容许误差为 ±5%,输送链效率 $\eta = 0.9$。

原始数据如表 1-4 所示。

表 1-4　原始数据

已知条件	题号		
	1	2	3
输送链拉力 F(N)	2.1×10^3	2.4×10^3	2.7×10^3
输送链速度 v(m/s)	0.7	0.8	0.9
输送链链轮直径 D(mm)	100	125	150

（五）设计题目五：带式运输机传动系统中的展开式二级圆柱齿轮减速器

带式运输机展开式二级圆柱齿轮减速器简图如图 1-5 所示。

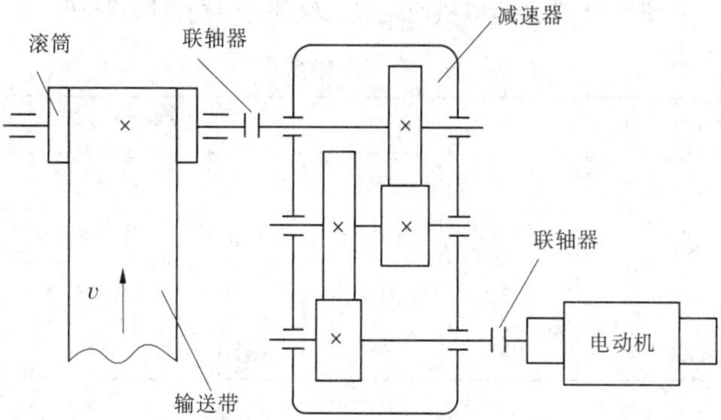

图 1-5　带式运输机展开式二级圆柱齿轮减速器简图

工作条件：单向运转，有轻微振动，经常满载，空载启动，单班制工作，使用期限 5 年，输送带速度容许误差为 ±5%。

原始数据如表 1-5 所示。

表 1-5　原始数据

已知条件	题号					
	1	2	3	4	5	6
输送带拉力 F(N)	1.6×10^3	1.8×10^3	2×10^3	2.2×10^3	2.4×10^3	2.6×10^3
输送带速度 v(m/s)	1.0	1.1	0.9	0.9	1.2	1.0
滚筒直径 D(mm)	400	350	300	300	300	300

（六）设计题目六：带式运输机传动系统中的同轴式二级圆柱齿轮减速器

带式运输机同轴式二级圆柱齿轮减速器简图如图 1-6 所示。

工作条件：要求减速器沿输送带运动方向具有最小尺寸，单向运转，有轻微振动，两班制工作，使用期限 10 年。

原始数据如表 1-6 所示。

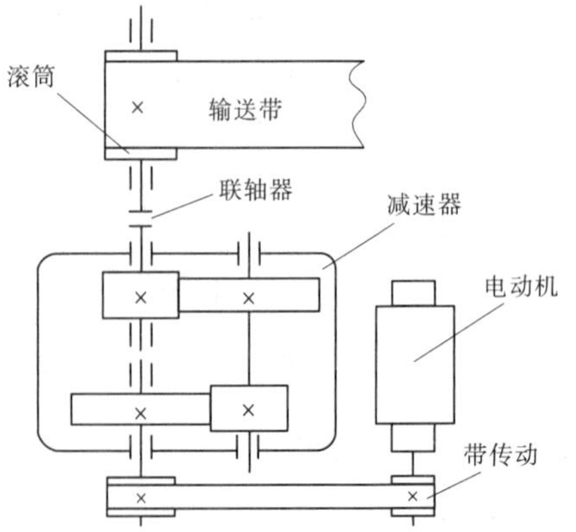

图 1-6　带式运输机同轴式二级圆柱齿轮减速器简图

表 1-6　原始数据

已知条件	题号					
	1	2	3	4	5	6
输送带拉力 F(N)	1 300	1 300	1 400	1 700	1 700	1 800
输送带速度 v(m/s)	0.68	0.8	0.75	0.85	0.75	0.8
滚筒直径 D(mm)	300	360	350	380	340	365

(七)设计题目七:带式运输机圆锥—圆柱齿轮减速器

带式运输机圆锥—圆柱齿轮减器简图如图 1-7 所示。

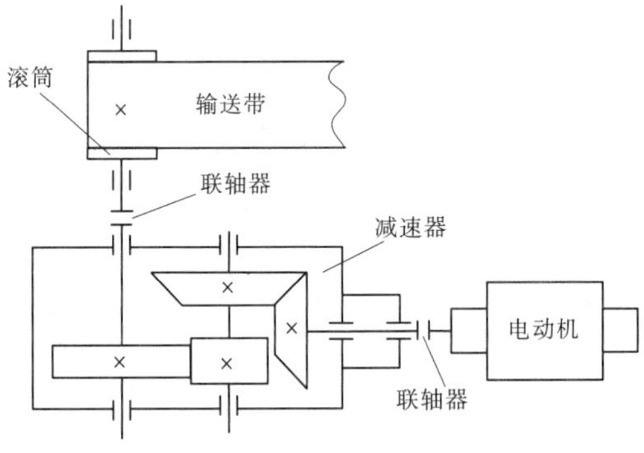

图 1-7　带式运输机圆锥—圆柱齿轮减速器简图

工作条件:连续单向运转,载荷较平稳,两班制。环境最高温度 35 ℃,允许运输带速度误差为 ±5%,小批量生产。

原始数据如表 1-7 所示。

表 1-7　原始数据

已知条件	题号			
	1	2	3	4
输送带拉力 F(N)	2 500	2 300	2 100	1 900
输送带速度 v(m/s)	1.3	1.5	1.6	1.6
滚筒直径 D(mm)	400	400	400	400

(八)设计题目八:带式运输机一级蜗杆减速器

带式运输机一级蜗杆减速器简图如图 1-8 所示。

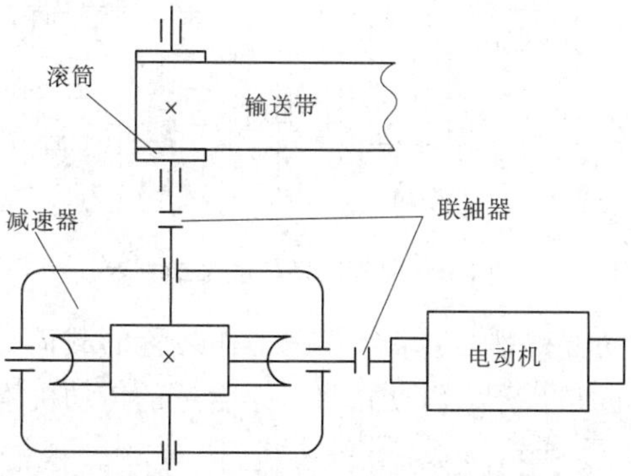

图 1-8　带式运输机一级蜗杆减速器简图

工作条件:输送机连续工作,单向运转,载荷平稳,空载启动,输送带速度容许误差为±5%。三班制工作,使用期限 10 年,减速器小批量生产。

原始数据如表 1-8 所示。

表 1-8　原始数据

已知条件	题号			
	1	2	3	4
输送带拉力 F(N)	2 000	2 200	2 500	3 000
输送带速度 v(m/s)	0.8	0.9	1.0	1.1
滚筒直径 D(mm)	350	320	300	275

任务二　分析选择传动方案

机器通常由原动机、传动装置和工作装置三部分组成。传动装置用来传递原动机的运动和动力,变换其运动形式以满足工作装置的需要,是机器的重要组成部分。传动装置的传动方案是否合理将直接影响机器的工作性能、重量和成本。

满足工作装置的需要是拟订传动方案的最基本要求。同一种运动可以由几种不同的传动方案来实现,这就需要把几种传动方案的优缺点加以分析比较,从而选择出最符合实际情况的一种方案。合理的传动方案除满足工作装置的功能外,还要求结构简单、制造方便、成本低廉、传动效率高和使用维护方便。如图 1-9 所示为皮带输送机的 4 种传动方案。现分析比较如下:方案(c)的结构紧凑,但在长期连续运转的条件下,由于蜗杆的传功效率低,其功率损失较大;方案(b)传动效率高,传动比准确,但成本高,占用的空间较大;方案(d)的宽度尺寸较方案(b)小,但锥齿轮的加工比圆柱齿轮困难;方案(a)的宽度和长度尺寸都比较大,且带传动不适用于繁重的工作条件和恶劣的环境,但带传动有过载保护的优点,还可以缓和冲击和振动,因此这种方案也得到广泛应用。

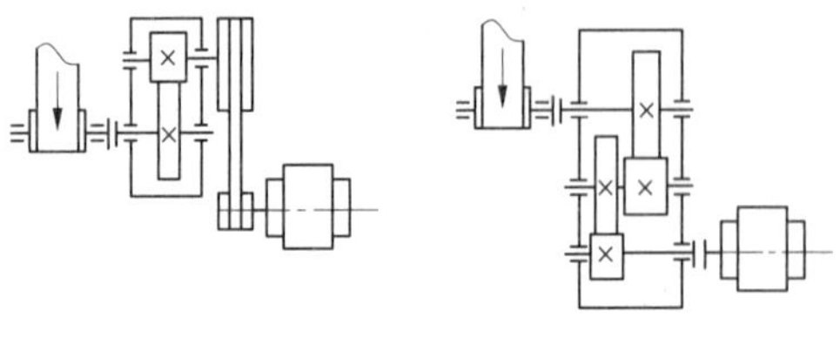

(a)　(b)　(c)　(d)

图 1-9　皮带输送机的传动方案

拟订一个合理的传动方案,除应综合考虑工作装置的载荷、运动及机器的其他要求外,还应熟悉各种传动机构的特点,以便选择一个合适的传动机构。下面几点内容供选择传动机构时参考:

(1)带传动承载能力较低。在传递相同转矩时,结构尺寸较其他形式大,但传动平稳,能缓冲吸振,宜布置在传动系统的高速级,以降低传递的转矩,减小带传动的结构尺寸。

(2)链传动平稳性差,宜布置在低速级。

(3)斜齿轮传动较直齿轮传动平稳,相对应用于高速级。

(4)锥齿轮的加工比较困难,一般宜置于高速级,以减小其直径和模数。

(5)蜗杆传动大多用于传动比大而功率不大的情况下,其承载能力较齿轮传动低,宜布置在传动的高速级,以获得较小的结构尺寸。

(6)开式传动因工作条件差、润滑不良,一般应布置在低速级。

(7)在一般情况下,总是将改变运动形式的机构(如连杆机构、凸轮机构等)布置在传动系统的末端。

任务三　选择电动机

电动机是最常用的原动机,具有结构简单、工作可靠、控制简便和维护容易等优点。电动机的选择主要包括选择其类型和结构形式、容量(功率)和转速,确定具体型号。

一、类型和结构的选择

电动机已经系列化、标准化,在设计时应根据工作载荷(大小、特性和变化情况)、工作要求(转速高低、调速要求、启动和反转的频繁程度)、工作环境(尘土、油、高温及爆炸气体等)、安装要求及尺寸、质量的特殊限制等条件进行选择。工业上广泛应用三相交流电动机,尤以三相鼠笼型异步电动机应用最多,其中 Y 系列一般用途的全封闭自扇冷鼠笼型异步电动机广泛应用于输送机、搅拌机等。煤矿井下及其他有易燃易爆气体的场合应选用防爆电动机,如 YB 系列电动机。Y 系列电动机的技术数据见附录 B。

二、选择电动机的型号

(一)确定皮带输送机所需功率

电动机的功率主要根据工作装置的功率来确定。工作装置的功率根据工作阻力和速度确定,即

$$P_w = \frac{F_w v_w}{1\,000} \tag{1-1}$$

式中 F_w——皮带输送机的阻力(输送带拉力),N;

v_w——皮带输送机的线速度,m/s。

(二)传动装置的效率

传动装置的效率按下式确定

$$\eta = \eta_1 \eta_2 \eta_3 \eta_4 \eta_5 \tag{1-2}$$

式中 η_1——三角带传动效率;

η_2——齿轮传动效率;

η_3——滚动轴承的效率;

η_4——联轴器的效率;

η_5——运输机平型带传动效率。

常见机械效率参见表 1-9。计算传动装置的效率时要注意以下几点:

(1)轴承效率通常指一对轴承而言。

(2)推荐的效率一般有个范围,当工作条件差、加工精度低、维护不良时应取较低值,反之应取较高值。

表 1-9 常见机械传动效率

机械传动类型		传动效率
圆柱齿轮传动		闭式传动:0.96~0.98(7~9 级精度)
		开式传动:0.94~0.96
圆锥齿轮传动		闭式传动:0.94~0.97(7~8 级精度)
		开式传动:0.92~0.95
带传动	平型带传动	0.95~0.98
	V 型带传动	0.94~0.97
滚动轴承(一对)		0.98~0.995
联轴器		0.99~0.995

(三)电动机的额定功率

电动机的额定功率按下式确定

$$P \geqslant \frac{P_w}{\eta} = \frac{F_w v_w}{1\,000\eta} \tag{1-3}$$

电动机的额定功率应等于或略大于电动机所需的输出功率，以使电动机工作时不会过热。

(四)确定电动机的转数

(1)滚筒轴的工作转速为

$$n_w = \frac{60 \times 1\,000 v_w}{\pi D} \tag{1-4}$$

式中 v_w——皮带输送机的带速；

D——滚筒的直径。

(2)电动机的转速为

$$n' = i' n_w \tag{1-5}$$

式中 i'——由电动机到工作机的总减数比，即

$$i' = i'_1 i'_2 i'_3 \cdots i'_n \tag{1-6}$$

式中 i'_1、i'_2、i'_3、…、i'_n——各级传动比的范围，常用机械传动比见表 1-10。

表 1-10 常用机械传动比

选用指标 传动类型	平型带	三角带	齿轮传动	
功率(kW)	小(20)	中(≤100)	大(最大可达 50 000)	
单级传动比 (常用值)	2～4	2～4	圆柱	圆锥
			3～5	2～3
最大值	6	15	10	6～10

按 n' 的范围选取电动机的转速 n。额定功率相同的电动机有四种同步转速可供选用。电动机的转速越高，则磁极越少，尺寸及重量越小，价格也越低。因此，一般情况下，宜选用 1 000 r/min、1 500 r/min 较合适。

(五)列出电动机的主要参数

选择出电动机后将其主要参数和尺寸填入表 1-11 中。电动机的技术数据和安装尺寸见附表 B-1、附表 B-2 和附表 B-3。

表 1-11 电动机的主要参数

电动机额定功率 P(kW)	
电动机满载转速 n_m(r/min)	
电动机轴伸出端直径 d(mm)	
电动机轴伸出端的安装高度(mm)	
电动机轴伸出端的长度(mm)	

三、计算总传动比和分配传动比

(1)传动装置总传动比为

$$i = \frac{n_m}{n_w} \tag{1-7}$$

(2)分配传动装置各级传动比为

$$i = i_1 i_2 i_3 \cdots i_n \tag{1-8}$$

式中，i_1、i_2、i_3、…、i_n 从表1-10中选值。

任务四　计算传动装置的运动和动力参数

(1)各轴的功率计算：

高速轴的功率

$$P_1 = P\eta_1\eta_3 \tag{1-9}$$

低速轴的功率

$$P_2 = P\eta_1\eta_2\eta_3^2 \tag{1-10}$$

(2)各轴的转速计算：

高速轴转速为

$$n_1 = \frac{n_m}{i_1} \tag{1-11}$$

低速轴转速为

$$n_2 = \frac{n_m}{i_1 i_2} \tag{1-12}$$

(3)各轴的扭矩计算：

高速轴的扭矩为

$$T_1 = \frac{9.55 \times 10^6 \times P_1}{n_1} \tag{1-13}$$

低速轴的扭矩为

$$T_2 = \frac{9.55 \times 10^6 \times P_2}{n_2} \tag{1-14}$$

学习项目二　传动零件的设计计算

传动零件的设计计算方法、计算步骤和计算公式见配套教材《机械设计基础》，此处不再赘述。这里只简述设计时应注意的几个问题。

设计时，一般先进行减速器箱外传动零件的设计计算，以便确定减速器内的传动比及各轴转速、转矩的精确数值，从而使所设计的减速器原始条件比较准确。

任务一　设计带传动

设计过程请参考《机械设计基础》模块七——带传动。在设计过程中应注意：

（1）带传动常用 V 带传动，V 带已经标准化、系列化，设计的主要内容是确定 V 带型号和根数，带轮的材料、直径和轮缘宽度，中心距等。

（2）注意带轮大小与其他零件的装配或协调关系，如小带轮直径与电动机中心高是否相称，其轴孔直径与电动机轴径是否一致，大带轮直径是否过大导致与机架相碰等。大小带轮直径及带长均应符合标准系列，如果有必要应重新修改前面的设计方案。

（3）应计算出 V 带对轴的压力，因为在分析轴的受力时还要使用。

任务二　设计一级圆柱直齿齿轮传动

设计过程请参考《机械设计基础》模块五——齿轮传动。在设计过程中应注意：

（1）齿轮传动设计需要确定齿轮的材料、模数、齿数、变位系数、分度圆、齿顶圆和齿根圆、齿宽和中心距等。

（2）选择材料时，应注意毛坯的制造方法。当齿轮直径 $d \leqslant 500$ mm 时，多采用锻造毛坯；当 $d > 500$ mm 时，多采用铸造毛坯。小齿轮齿根圆直径与轴颈接近时，多做成齿轮轴，材料应兼顾轴的要求。同一减速器各级小齿轮的材料应尽可能统一，以减少材料牌号和工艺要求。

（3）齿轮设计时，应注意在确定齿数 $z_1(z_2)$、模数 m 时，不能孤立地一个一个决定，而应综合考虑。当齿轮传动中心距一定时，齿数多，模数小，既能增加重合度，改善传动平稳性，又能降低齿高，减小滑动系数，减轻磨损和胶合。但齿数多，模数小，又会降低轮齿的弯曲强度。对于闭式齿轮传动，一般 $z_1 = 20 \sim 40$；对于动力齿轮传动，齿轮模数 m 一般不宜小于 2 mm；对于高速齿轮传动，大、小齿轮的齿数应互为质数。对于斜齿轮，螺旋角 β 不能太大或太小，一般 $\beta = 8° \sim 25°$。

（4）要正确处理设计计算的数据，应分别对不同情况进行标准化、圆整或求出精确数值。例如，模数必须为标准值，中心距、齿宽应圆整。啮合几何尺寸（节圆、齿根圆、齿顶圆和螺旋角等)必须取精确的计算数值,一般精确到小数点后面两位;螺旋角应精确到秒。中心距与大、小齿轮节圆半径之和应相符。

(5)齿轮的孔径和轮毂尺寸因与轴的结构尺寸有关,而暂不能确定。轮辐、圆角和工艺斜度等结构尺寸可以在零件工作图的设计过程中再确定。

任务三　选择联轴器

为便于确定轴的最小直径,应先选定联轴器。

一、选择联轴器类型

联轴器的类型可根据工作要求选择。

轴的转速低、刚性大、能保证严格对中或轴的长度不大时,可选用固定式刚性联轴器(凸缘联轴器)。

减速器输入轴和电动机相连时,其转速高、转矩小,多选用弹性套柱销联轴器。它不仅可以缓和冲击,还适用于频繁启动或正反转的工况,并能补偿轴向位移和角位移,但当角位移过大时,耐油橡胶制成的弹性圈易磨损。

中小型减速器输出轴可采用弹性柱销联轴器。这种联轴器制造容易,装拆方便,成本低,可用于频繁启动或正反转并有一定轴向位移和角位移的场合,在高速级可代替弹性套柱销联轴器。

对于安装对中困难、频繁启动和正反转的低速重载轴的连接,可选用齿轮联轴器。这种联轴器的制造工艺复杂,成本较高。对高温、潮湿或多尘的单向传动,且有一定角位移时,可选用滚子链联轴器。为便于选用时比较,附表 C-1 给出了几种常用联轴器的性能、使用条件及优缺点,可供读者参考。

二、选择联轴器的型号和尺寸

在确定好联轴器类型之后可根据轴所传递转矩的大小和轴的转速从附表 C-2、附表 C-3、附表 C-5、附表 C-6 中选取适用的型号。所选型号的许用转矩和许用转速应大于计算转矩及实际转速。

转矩的计算方法请参考《机械设计基础》模块九——联接。

必须指出,每种型号的联轴器都有几种轴径,具体选用轴径还要结合轴的强度计算确定,此处先在表 2-1 中多记下几种轴径,待下步再从中选定。

表 2-1　联轴器选择结果

型号	轴孔直径	轴孔长度	公称转矩	许用转速

任务四　设计低速轴

设计过程请参考配套教材《机械设计基础》模块十一——轴。

任务五　设计高速轴

设计过程请参考配套教材《机械设计基础》模块十一——轴。

任务六　选择校核键

设计过程请参考配套教材《机械设计基础》模块九——联接。键的标准参见附表 D-10。

任务七　选择校核轴承

设计过程请参考配套教材《机械设计基础》模块十——轴承。各类轴承型号和尺寸参见附录 E。

学习项目三　减速器的润滑与结构选择

任务一　了解减速器的结构及箱体结构

一、减速器的结构

减速器已有系列标准，即标准减速器，并由专业厂生产。一般情况下应尽量选用标准减速器，但在生产实际中，标准减速器不能完全满足机器的功能要求，有时还需设计非标准减速器。非标准减速器有通用和专用两种，这里主要介绍通用减速器的结构及设计。

通用减速器的结构随其类型和要求不同而异，其基本结构见图3-1，主要由传动零件（齿轮或蜗杆、蜗轮），轴和轴承，联接零件（螺钉、销钉、键），箱体和附属零件，润滑和密封装置等部分组成。箱体为剖分式结构，由箱座和箱盖组成，其剖分面通过齿轮传动的轴

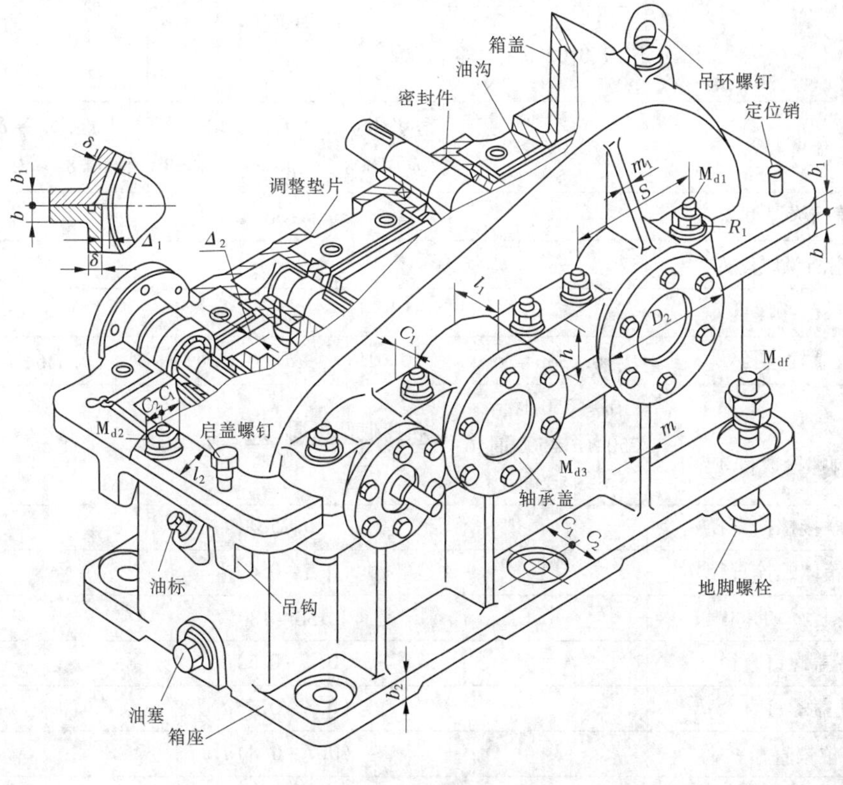

图3-1　减速器箱体结构

线。箱盖与箱座用螺栓连成一体。这样,齿轮、轴、滚动轴承等可在箱体外装配成轴系部件后再装入箱体,使装拆方便。为了确保箱盖和箱座在加工轴承孔及装配时的相互位置,在剖分处的凸缘上设两个圆锥销用于精确定位。起盖螺钉用于分离箱座与箱盖,以便拆卸。箱盖顶部开有窥视孔(图中未画出),用于检查齿轮啮合情况及润滑情况,并用于加注润滑油,窥视孔平时用垫有密封垫片的盖板封住。通气器用来及时排放箱体内发热温升而膨胀的空气,以防止高压气冲破各隙缝处的密封而造成漏油等。油标尺用于检查箱内油面的高低。为了排除油液和清洗减速器内腔,在箱体底部设有放油螺塞,其头部支承面上垫有封油垫片。吊环螺栓是用于提升箱盖,而整台减速器的提升应使用与箱座铸成一体的吊钩。减速器用地脚螺栓 M_{df} 固定在机架或地基上。

铸铁减连器箱体的主要结构尺寸如表 3-1 所示。

表 3-1　铸铁减速器箱体的主要结构尺寸

<table>
<tr><th rowspan="2">名称及符号</th><th colspan="4">尺寸关系(mm)</th></tr>
<tr><th colspan="2">圆柱齿轮减速器</th><th>圆锥齿轮减速器</th><th>蜗杆减速器</th></tr>
<tr><td rowspan="3">箱体(座)壁厚 δ</td><td>一级</td><td>$0.025a+1\geqslant 8$</td><td rowspan="3">$0.0125(d_{1m}+d_{2m})+1\geqslant 8$
或 $0.01(d_1+d_2)+1\geqslant 8$
d、d_m 分别为大端直径、平均直径</td><td rowspan="3">$0.04a+3\geqslant 8$</td></tr>
<tr><td>二级</td><td>$0.025a+3\geqslant 8$</td></tr>
<tr><td>三级</td><td>$0.025a+5\geqslant 8$</td></tr>
<tr><td>箱盖壁厚 δ_1</td><td colspan="2">$0.9\delta\geqslant 8$</td><td>$0.01(d_{1m}+d_{2m})+1\geqslant 8$
或 $0.0085(d_1+d_2)+1\geqslant 8$</td><td>上置:$\delta_1\approx\delta$
下置:$\delta_1\approx 0.85\delta\geqslant 8$</td></tr>
<tr><td>箱盖凸缘厚度 b_1</td><td colspan="4">$1.5\delta_1$</td></tr>
<tr><td>箱座凸缘厚度 b</td><td colspan="4">1.5δ</td></tr>
<tr><td>箱座底凸缘厚度 b_2</td><td colspan="4">2.5δ</td></tr>
<tr><td>地脚螺栓直径 d_f</td><td colspan="2">$0.036a+12$</td><td>$0.015(d_1+d_2)+1\geqslant 12$</td><td>$0.036a+12$</td></tr>
<tr><td>地脚螺栓数目 n</td><td colspan="2">$a\leqslant 250$ 时,4;
$250<a\leqslant 500$ 时,6;
$a>500$ 时,8</td><td>$\frac{\text{机座底凸缘周长之半}}{200\sim 300}\geqslant 4$</td><td>4</td></tr>
<tr><td>轴承旁联接螺栓直径 d_1</td><td colspan="4">$0.75d_f$</td></tr>
<tr><td>箱盖与箱体螺栓直径 d_2</td><td colspan="4">$(0.5\sim 0.6)d_f$</td></tr>
<tr><td>联接螺栓 d_2 的间距 l</td><td colspan="4">150 ~ 180</td></tr>
<tr><td>轴承端盖螺钉直径 d_3</td><td colspan="4">$(0.4\sim 0.5)d_f$</td></tr>
<tr><td>检查孔盖螺钉直径 d_4</td><td colspan="4">$(0.3\sim 0.4)d_f$</td></tr>
<tr><td>定位销直径 d</td><td colspan="4">$(0.7\sim 0.8)d_2$</td></tr>
</table>

续表 3-1

名称及符号	尺寸关系(mm)		
	圆柱齿轮减速器	圆锥齿轮减速器	蜗杆减速器
螺栓 d_1 、d_2 、d_f 至外机壁距离 C_1	见表 3-2		
螺栓 d_2 、d_f 至凸缘距离 C_2			
沉头座直径 D_0			
轴承旁凸台半径 R_1	C_2		
凸台高度 h	根据低速级轴承外径确定,以保证扳手操作空间 C_1 、C_2 为准		
轴承端盖外径(轴承孔外径) D_2	凸缘式端盖: $D_2 = D + (5 \sim 5.5)d_3$ 嵌入式端盖: $D_2 = 1.25D + 10$, D 为轴承外圈外径(轴承孔内径)		
轴承端盖凸缘厚度 $t(e)$	$(1 \sim 1.2)d_3$		
轴承旁螺栓联接距离 S	尽量靠近,以 M_{d1} 和 M_{d3} 互不干涉为准,一般取 $S = D_2$		
外箱壁至轴承座端面的距离 l_1 (查找 d_1 的 C_1 和 C_2)	$C_1 + C_2 + (5 \sim 10)$		
齿轮顶圆(蜗轮外圆)与箱体内壁间的距离 Δ_1	$> 1.2\delta$		
齿轮(圆锥齿轮或蜗轮轮毂)端面与箱体内壁间的距离 Δ_2	$> \delta$		
齿轮顶圆(蜗轮外圆)与内箱底面的距离 Δ_3	30~50		
箱盖、箱座肋厚 m_1 、m	$m_1 \approx 0.85\delta_1$; $m \approx 0.85\delta$		
外缘至外箱壁的距离 l_2 (查找 d_2 的 C_1 和 C_2)	$C_1 + C_2 + (5 \sim 10)$		
轴承座孔厚度	$(D_2 - D_1)/2$		

注:多级传动时, a 取低速级中心距。圆锥—圆柱齿轮减速器,按圆柱齿轮传动中心距取值。

表 3-2　箱体凸台和凸缘的结构尺寸　(单位:mm)

螺栓直径	M6	M8	M10	M12	M14	M16	M18	M20	M22	M24	M27	M30
$C_{1\min}$	12	14	16	18	20	22	24	26	30	34	38	40
$C_{2\min}$	10	12	14	16	18	20	22	24	26	28	32	35
D_0	13	18	22	26	30	33	36	40	43	48	53	61
$R_{0\max}$	5					8				10		
$r_{\max}$	3						5			8		

二、减速器的箱体结构

箱体是减速器的一个重要零件,用于支持和固定减速器中的各种零件,并保证传动件的啮合精度,使箱内零件具有良好的润滑和密封。箱体的形状较为复杂,其重量约占整台减速器总重的一半,所以箱体结构对减速器的工作性能、加工工艺、材料消耗、重量及成本等有很大影响,因此对箱体设计必须给予足够重视。

(一)箱体结构形式

减速器箱体根据其毛坯制造方法和箱体剖分与否分为铸造箱体和焊接箱体、剖分式箱体和整体式箱体。

1. 铸造箱体和焊接箱体

减速器箱体多用 HT150 或 HT200 灰铸铁铸造而成。对于重型减速器，为了提高承受振动和冲击的能力，也可采用球墨铸铁（QT400 - 17、QT420 - 10）或铸钢（ZG270 - 500、2G310 - 570）制造。

常见铸造箱体的结构形式见图 3-2。其中，图（a）为直壁式，图（b）、（c）和（d）为曲壁式。直壁式结构简单，但较重；曲壁式结构复杂，但较轻。图（d）减速器的重心下移，提高了箱体刚性，同时使减速器伸出轴的中心高与外接机器（如电动机）一致，便于安装和基座制造。

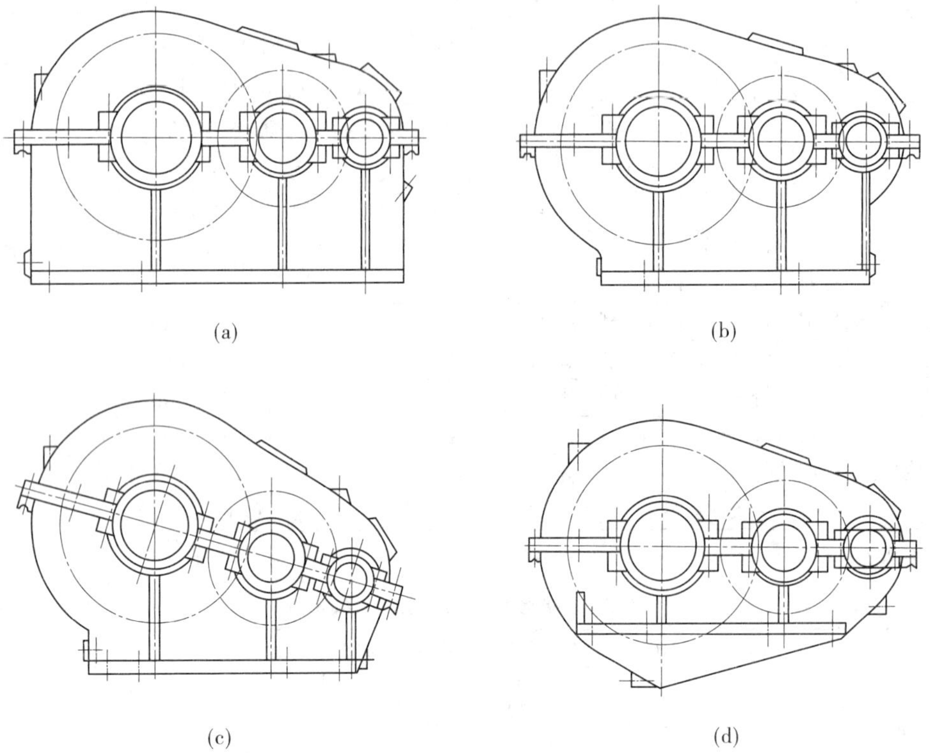

(a)　(b)　(c)　(d)

图 3-2　常见铸造箱体的结构形成

铸造箱体刚性好，易获得合理和复杂的外形，用灰铸铁制造的箱体易切削加工，但工艺复杂、制造周期长、重量大，适合于成批生产。

在单件生产中，特别是大型减速器，为了减轻重量和缩短生产周期，箱体也可用 Q215 或 Q235 钢板焊接而成（见图 3-3）。此时，轴承座部分可用圆钢、锻钢或铸钢制造。焊接箱体的壁厚可以比铸造箱体减薄 20% ~30%，但焊接箱体易产生热变形，要求有较高的焊接技术且焊后要进行退火处理。

2. 剖分式箱体和整体式箱体

为便于箱体内零件装拆，箱体多采用剖分式，其剖分面常与轴线平面重合，有水平式（见图 3-2（a）、（b）、（d））和倾斜式（见图 3-2（c））两种。前者加工方便，在减速器中被广泛采用；后者有利于多级齿轮传动的等油面浸油润滑，但剖分处接合面加工困难，应用较少。

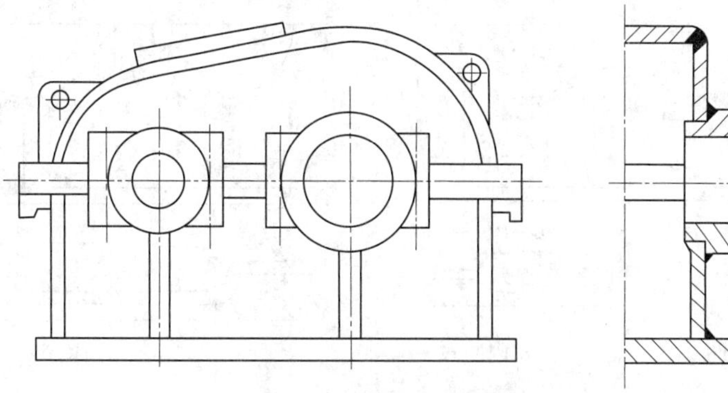

图 3-3　焊接箱体结构

对于小型圆锥齿轮或蜗杆减速器，为使结构紧凑、重量减轻，常采用整体式箱体（见图 3-4）。它属无接合面螺栓连接，易于保证轴承与座孔的配合要求，但装拆及调整往往不如剖分式箱体方便。

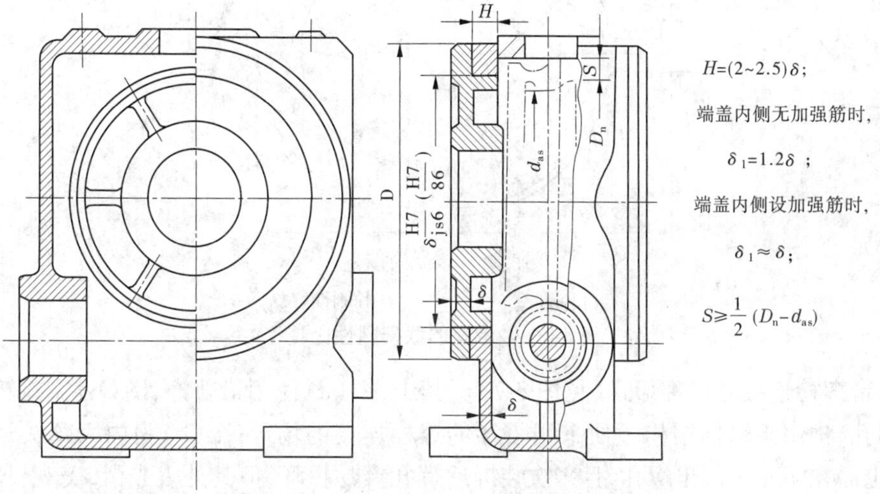

图 3-4　整体式蜗杆减速器箱体

（二）箱体的结构尺寸

箱体结构与受力均较复杂，目前尚无成熟的计算方法。所以，箱体各部分尺寸一般按经验设计公式在减速器装配草图的设计和绘制过程中确定。

箱体结构设计应满足以下几点基本要求。

1. 箱体要有足够的刚度

箱体刚度不足，会在加工和工作过程中产生过大的变形，引起轴承座孔中心线歪斜，使齿轮在传动中产生偏斜，破坏减速器的正常工作。提高箱体刚度的有效办法是增加轴承座处的壁厚和在轴承座外设加强筋，加强筋厚度通常取壁厚的 85%。箱体的加强筋结构见图 3-5，其中外肋式结构采用较多。

对于剖分式箱体，还要保证箱盖、箱座的连接刚度。为此，轴承座两侧的螺栓应尽量

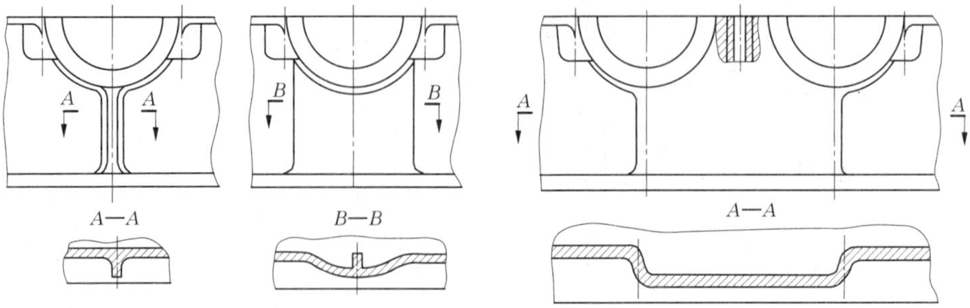

(a)外肋式 (b)内肋式 (c)凸壁式

图 3-5 箱体加强肋结构

靠近。为使连接螺栓紧靠座孔,应在轴承座旁设置凸台结构(见图 3-6)。

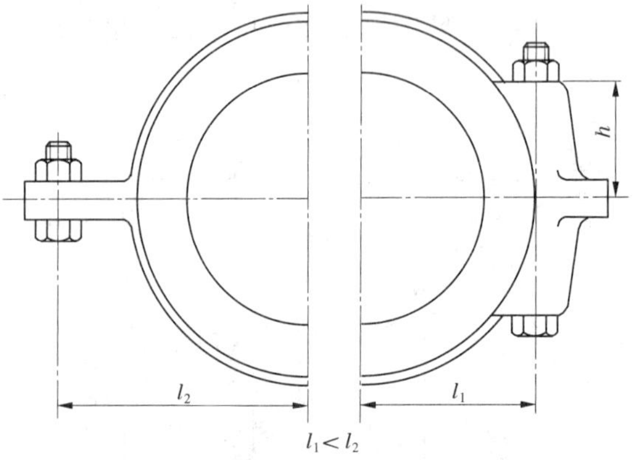

(a)刚性差 (b)刚性好

图 3-6 轴承座的联接刚性比较

凸台螺栓连接有三种形式(见图 3-7)。其中,图(a)使用最普遍;图(b)需在箱座上制出螺孔,常用于箱体结构不便采用贯穿的螺栓连接的场合;图(c)为内六角头螺钉连接,它也需在箱座上制出螺孔,且多次装拆后螺孔容易损坏,但其外表光滑、美观,尺寸紧凑,在近代减速器中使用较多。凸台高度 h 应以保证足够的螺母扳手空间为原则,具体可由 S 和凸台连接螺栓的 C_1 绘图确定(见图 3-8)。图中 C_1、C_2 尺寸根据螺栓直径 d_1 查表 3-2。画凸台结构时,应在三个视图上同时进行,其投影关系见图 3-9 和图 3-10。为了便于加工,各轴承座的凸台高度最好一样,为此可先确定最大的轴承座的凸台尺寸,而后定出其他凸台的高度。图 3-8 中两旁螺栓距离 S 应尽量靠近,但对有输油沟的箱体(见图 3-1),应注意螺栓孔不能与油沟相通,以免漏油和油沟失去供油作用,常取 $S \approx D$(D 为轴承座外径)。对于无输油沟的箱体,则应注意凸台联接螺栓不要与轴承端盖螺钉发生干涉,此时通常取 $S < D$。

箱盖和箱座的联接凸缘及箱座凸缘部应有足够的厚度,因为它们是承载传力的重要部分,要求具有较高的强度和刚度。为确保箱座刚性,底部凸缘的接触宽度应超过箱座内壁位置,即 $B \geqslant C_1 + C_2 + \delta$,(见图 3-11)。

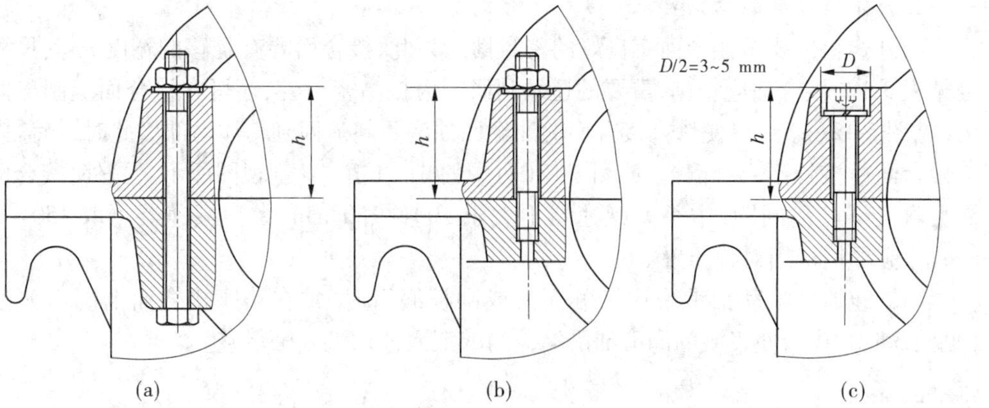

图 3-7　凸台的螺纹联接形式

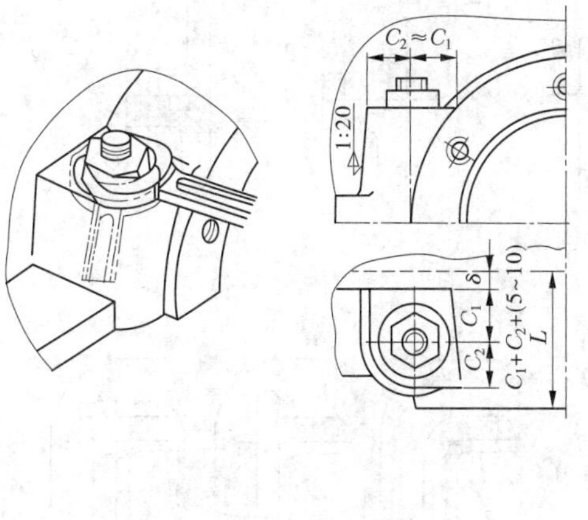

图 3-8　凸台的结构尺寸

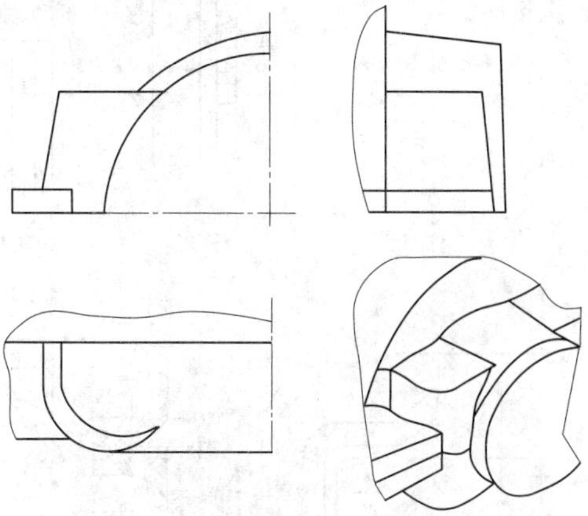

图 3-9　凸台结构不超过箱盖外壁时的投影

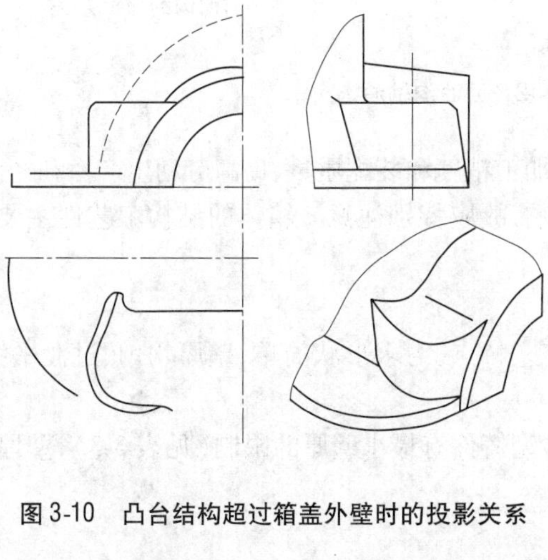

图 3-10　凸台结构超过箱盖外壁时的投影关系

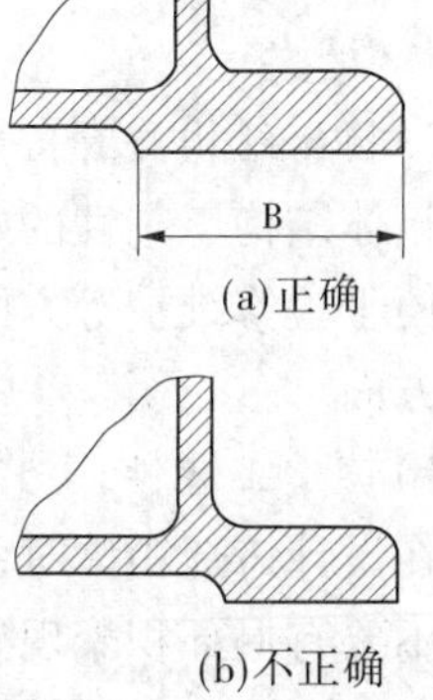

图 3-11　底座凸缘宽度

2. 箱体接合面的结构要求

剖分式箱体要求接合面有良好的密封性。为此，接合面要有足够的宽度 L，其尺寸确定见表 3-1。接合面应精刨，重要的还须刮研。为提高密封性，还可在接合面上制出回油沟（见图 3-12（a）），以使渗入接合面的油经回油沟重新流回到箱体内部。此时，箱盖内壁与接合面衔接处不应制倒棱，如图 3-12（a）中的 $A—A$、$B—B$ 剖视图所示。另外，接合面凸缘上联接螺栓的间距，中小型减速器不大于 100 ~ 150 mm，大型减速器可取 150 ~ 200 mm，并应尽量采用对称布置。

当减速器中滚动轴承采用飞溅润滑或刮板润滑时，常在箱座接合面上制出输油沟（见图 3-12（b）），使飞溅的润滑油沿箱盖内壁汇入油沟流入轴承室。

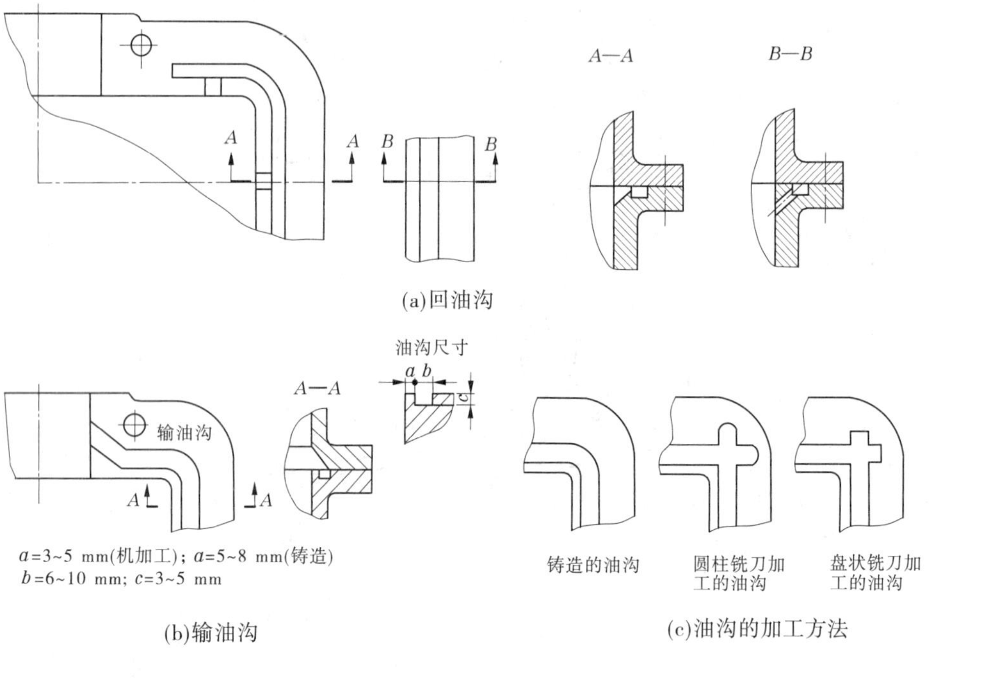

图 3-12　回油沟输油沟

3. 箱体结构要有良好的工艺性

箱体结构工艺性的好坏对于提高加工精度和装配质量、提高劳动生产率和经济效益，以及便于检修维护等方面均有直接影响，故应特别注意。箱体的结构工艺性主要注意以下两方面。

1）铸造工艺性

在设计铸造箱体时，应考虑铸造工艺特点，力求形状简单、壁厚均匀、过渡平缓，液态金属不要有局部积聚现象。

考虑到液态金属的流动性，一般砂型铸件有最小壁厚的限制（见表 3-3），壁厚太薄可能出现铸件充填不满的严重缺陷。

表 3-3 砂型铸造的最小壁厚 (单位:mm)

材料	小型铸件（<200×200）	中型铸件（200×200～500×500）	大型铸件（>500×500）
灰铸铁	3～5	8～10	12～15
球墨铸铁	>6	12	
铸钢	>8	10～12	15～20

为了避免金属积聚,不能采用锐角相交的筋和壁(见图 3-13)。

为便于铸件造型,铸件结构形状应力求简单。为了造型时取模方便,铸件表面沿拔模方向应有 1∶10～1∶20 的拔模斜度。若相邻轴承座间两凸台相距太近(见图 3-14),易形成狭缝结构,因而铸造砂型易碎裂,浇铸时液态金属难以流进,以采用连成一体结构为宜。

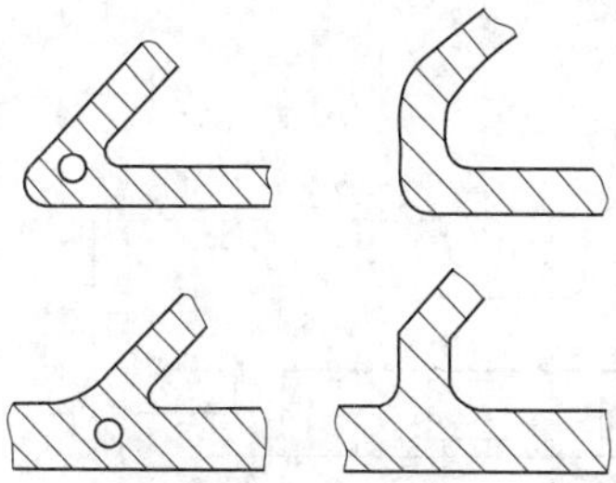

(a)不正确 易有缩孔　(b)正确

图 3-13 箱壁结构

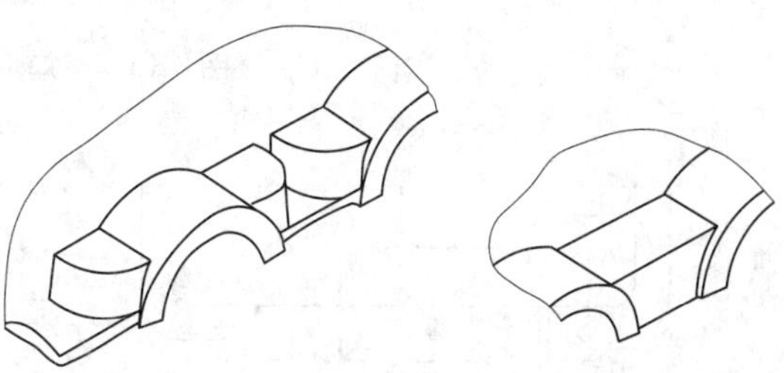

(a)较差　(b)正确

图 3-14 设计避免出现狭缝

2)机加工工艺性

箱体结构应尽可能减少机械加工面积,以提高生产率和减少刀具的磨损。图 3-15 为箱座底面的一些结构形式,图(a)加工面积太大,且难以支承平整;图(c)是较合理的结构,当底面较短时,也可采用图(b)或图(d)的结构。

在机加工时要尽量减少工件和刀具的调整次数,以缩短加工时间和提高加工精度。例如,同一轴心线的两个轴承座孔直径应尽量相等,以便一次镗孔和保证镗孔精度。箱体同侧外表面的被加工面(如轴承座端面)应尽量位于同一平面上,以便一次加工(见图 3-16)。

箱体任何一处加工面与非加工面必须严格分开,例如箱盖上的窥视孔处需要加工,就应在孔周制出凸出 3～5 mm 的凸台,将加工面与非加工面分开。

为保证接合面处螺栓联接可靠和减少作用于螺栓上的附加弯曲应力,与螺栓头部或螺母接触的支承面应进行机械加工,制出小凸台或线型鱼眼坑。其结构和加工方法见图 3-17。图(c)、(d)所示为不能从下方进刀时的加工方法。

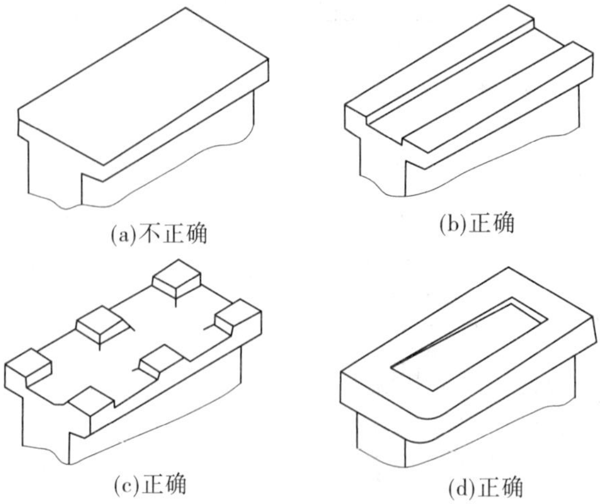

图 3-15　箱座底面结构

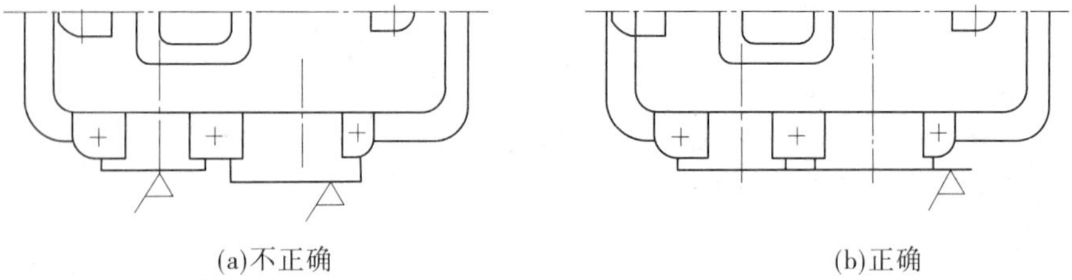

图 3-16　箱体外表面加工工艺性

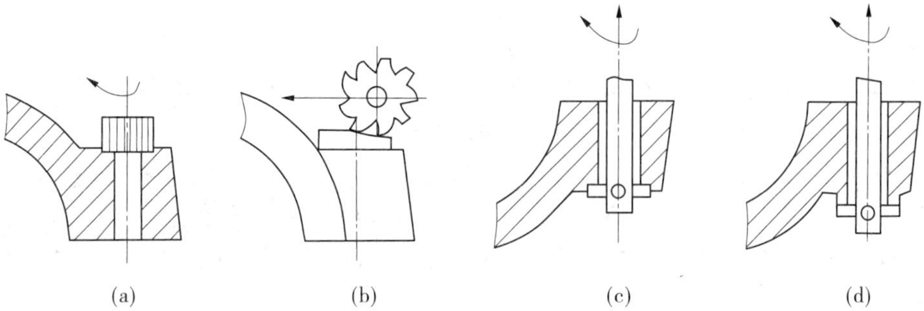

图 3-17　凸台及沉头座的加工方法

任务二　滚动轴承组件的结构设计

滚动轴承组件的结构设计应考虑轴承的支承刚度、同轴度以及轴承的固定、调整、安装拆卸、密封和润滑等问题，具体方法参见《机械设计基础》模块十——轴承。

一、轴承盖

轴承盖的作用是用来固定轴承、承受轴向力和调整轴承间隙。

轴承盖的结构形式可分为凸缘式（螺钉连接式）和嵌入式两类。每一类又有透盖（有通孔，供轴穿出）和闷盖（无通孔）之分。其材料一般为铸铁（HT150）或钢（Q215、Q235）。

凸缘式轴承盖装拆、调整轴承间隙较为方便，密封性好，故应用普遍，但外缘尺寸大，需用一组螺钉固定。

嵌入式轴承盖结构简单、紧凑，无需固定螺钉，重量轻及外伸轴的伸出长度短，有利于提高轴的强度和刚度。但装拆端盖和调整轴承游隙或间隙较麻烦，密封性较差，座孔上需开环形槽，加工费时。常用于要求重量轻及尺寸紧凑的场合。

嵌入式轴承盖与轴承座孔接合处有带 O 形橡胶密封圈和不带 O 形橡胶密封圈两种结构形式。后者密封性较差，用于脂润滑轴承；前者密封性好，用于油润滑轴承。嵌入式轴承盖结构尺寸见表 3-4。

轴承盖结构设计时应注意以下几点：

（1）当轴承盖与孔配合处较长时，为减少配合和加工表面，应在端部铸出（或车出）一段较小的直径（见表 3-4）。但必须保留足够的配合长度 e，以免拧紧螺钉时轴承盖歪斜。

（2）当轴承采用输油沟飞溅润滑时，轴承盖的端部应车出一段小直径 D（见表 3-4）和铣出尺寸为 $b \times h$ 的径向对称缺口，以便让油能顺利进入轴承室。

（3）铸造轴承盖应满足铸造工艺。

二、轴承套杯

套杯的主要作用如下所述：

（1）避免因轴承座孔的铸造或机械加工缺陷而造成整个箱体报废。

（2）当同一轴线上两端轴承外径不相等时，可利用套杯使轴承座孔直径保持一致，以便于镗孔及保证加工精度。

（3）固定轴承轴向位置，特别是当几个轴承组合在一起时，采用套杯结构将使轴承固定和装拆更为方便。

（4）调整支承（包括整个轴系）的轴向位置。普遍用于高速级圆锥齿轮轴的支承结构中。

套杯的结构及尺寸可根据轴承部件的要求自行设计。图 3-18 可供设计时参考。

表 3-4　减速器轴承端盖与轴承套杯结构尺寸

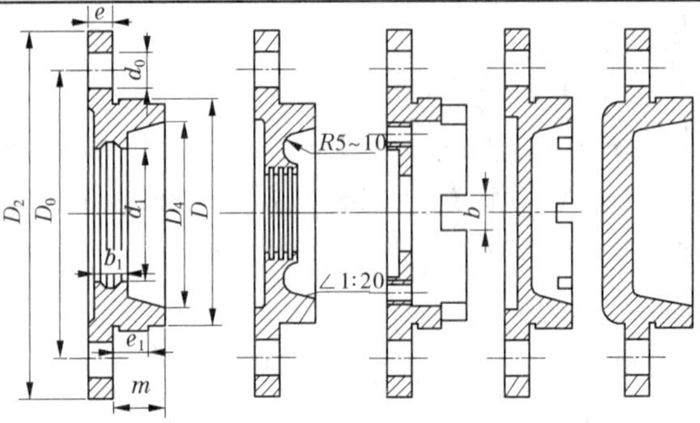

螺钉联接外装式轴承盖

$d_0 = d_3 + 1$

$D_0 = D + 2.5d_3$

$D_2 = D_0 + 2.5d_3$

$e_1 \geqslant e = 1.2d_3$

$D_4 = D - (10 \sim 15)$

$b = 5 \sim 10, h = (0.8 \sim 1)b$

m 由结构确定

d_1、b_1 由密封尺寸确定

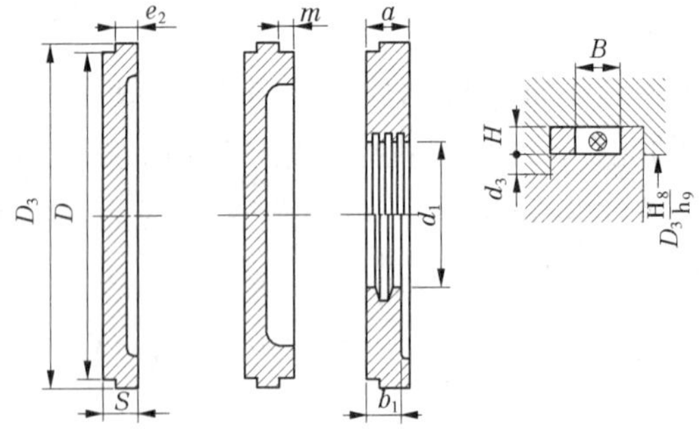

嵌入式轴承盖

$e_2 = 5 \sim 8$

$S = 10 \sim 15$

$D_3 = D + e_2$,装有 O 形圈的,按 O 形圈外径取,

m 由结构确定

d_1、b_1、a 由密封尺寸确定

沟槽尺寸(GB 3452.3—2005)

O 形圈截面直径 d_2	$B^{+0.25}_{0}$	$H^{+0.10}_{0}$	d_3 偏差值
2.65	3.6	2.07	0 -0.05
3.55	4.8	2.74	0 -0.06
5.3	7.1	4.19	0 -0.07

注:材料为 HT150。

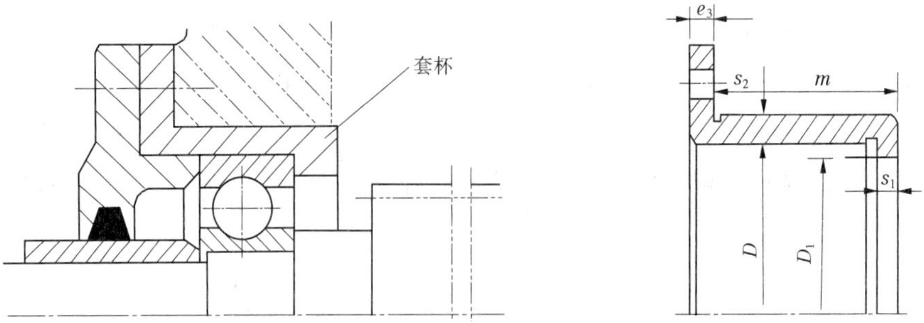

$e_3 \approx S_1 \approx S_2 = 7 \sim 12$ mm;D—轴承外径;D_1—由轴承外圈的拆卸方法而定;m—由结构确定

图 3-18　轴承套杯

三、调整垫片组

调整垫片组的作用是调整轴承游隙及支承(包括整个轴系)的轴向位置。垫片组由若干种厚度不同的垫片组成,使用时可根据调整需要组成不同的厚度。其材料为冲压铜片或08F钢抛光。调整垫片组的片数及厚度可参见表3-5,也可自行设计。

表3-5　调整垫片组

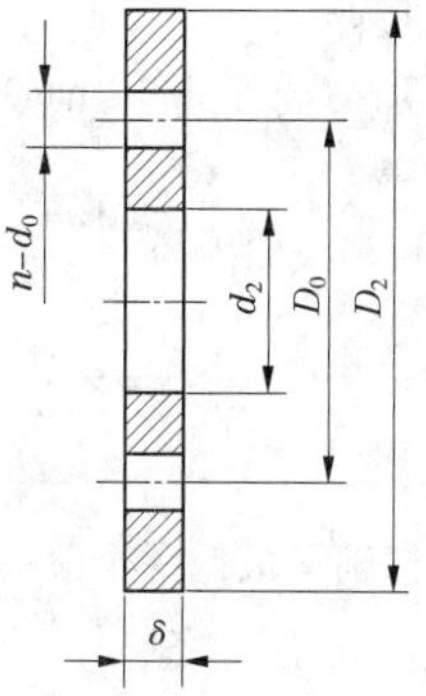

组别	A组			B组			C组		
厚度δ(mm)	0.5	0.2	0.1	0.5	0.15	0.1	0.5	0.15	0.12
片数z	3	4	2	1	4	4	1	3	3

注:1. 材料:冲压钢片或08F钢片抛光。

2. 凸缘式轴承端盖用的调整垫片:

$d_2 = D + (2 \sim 4)$。D为轴承外径。

D_0、D_2、n和d_0由轴承端盖结构定,见表3-4。

3. 嵌入式轴承端盖用的调整环$D_2 = D - 1$。

d_2按轴承外圈的安装尺寸决定。

4. 建议准备0.05 mm垫片若干,以备调整微量间隙用。

任务三　减速器的润滑与密封

一、减速器的润滑

减速器的润滑方式很多,如油脂润滑、浸油润滑、压力润滑、飞溅润滑等。下面分别介绍齿轮和蜗杆传动的润滑方式。

除少数低速($v<0.5$ m/s)、小型减速器采用脂润滑外,绝大多数减速器的齿轮和蜗杆传动都采用油润滑,其主要润滑方式如下。

(一)浸油润滑

当齿轮圆周速度$v \leqslant 12$ m/s、蜗杆圆周速度$v \leqslant 10$ m/s时,常采用浸油润滑。即将齿轮、蜗杆或蜗轮浸入箱内油液中,当传动件回转时粘在其上的油液被带到啮合区进行润滑,同时油池的油被甩上箱壁,有助于散热。

为避免浸油润滑的搅油功耗太大及保证轮齿啮合区的充分润滑,传动件浸入油中的深度不宜太深或太浅,合适的浸油深度见表3-6及图3-19。

表 3-6　浸油润滑时推荐的浸油深度

减速器类型		传动件浸油深度
一级圆柱齿轮减速器		$m<20$ mm 时，h 为 1 个齿高，但不小于 10 mm； $m\geqslant 20$ mm 时，h 为 0.5 个齿高
二级或多级圆柱齿轮减速器		高速级：h_f 约为 0.7 个齿高，但不小于 10 mm。 低速级：h_s 按低速级大齿轮的圆周速度确定。 当 $v_2=0.8\sim12$ m/s 时，h_s 约为 1 个齿高（不小于 10 mm）～1/6齿轮半径； 当 $v_2\leqslant 0.5\sim0.8$ m/s 时，$h_s\leqslant(1/6\sim1/3)$ 齿轮半径
圆锥齿轮减速器		整个齿宽浸入油中（至少半个齿宽）
蜗杆减速器	蜗杆下置式	$H_1\geqslant 1$ 个螺牙高，但油面不应高于蜗杆轴承最低一个滚动体的中心
	蜗杆上置式	H_2 与低速级圆柱大齿轮的浸油深度 h_s 相同

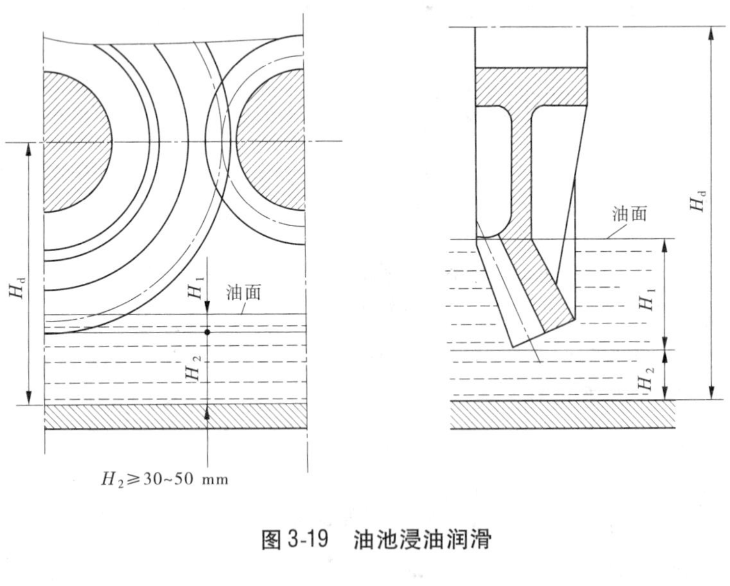

图 3-19　油池浸油润滑

对蜗杆减速器，当蜗杆圆周速度 $v\leqslant 4\sim5$ m/s，建议采用下置式蜗杆传动；当 $v>5$ m/s 时，为不使搅油损失太大，建议采用上置式蜗杆传动；当 $v>10$ m/s 时，则必须采用压力喷油润滑，以保证充分的润滑和散热。

下置式蜗杆传动的油面高度约为浸入蜗杆螺纹的牙高，但一般不应超过支承蜗杆的滚动轴承最低滚珠（柱）中心，以免增加功耗。但如果满足后者而使蜗杆未能浸入油中

（或浸油深度不足），则可在蜗杆轴两侧分别装上溅油轮，使其浸入油中，旋转时将油甩到蜗轮端面上，而后沉入啮合区进行润滑。

浸油润滑的油池应保持一定的深度和储油量。油池太浅易激起箱底沉渣和油污，引起磨料磨损，也不易散热。一般齿顶圆至油池底面的距离 H_2 不应小于 30 ~ 50 mm（见图 3-19）。箱座内底高度 $H_d \geqslant d_a/2 + (30 \sim 50)$ mm，式中 d_a 为浸油最深的齿轮或蜗轮的外圆直径。箱座高度 $H = H_d + \delta + (3 \sim 8)$ mm，式中 δ 为箱底壁厚。

换油时间一般为半年，主要取决于油中杂质多少及油被氧化、污染的程度。

（二）喷油润滑

当齿轮圆周速度 $v > 12$ m/s 或蜗杆圆周速度 $v > 10$ m/s 时，不宜采用浸油润滑，因为粘在齿轮上的油会被离心力甩出而送不到啮合区，而且搅动太大会使油温升高、油起泡沫和氧化等降低润滑性能。此时宜用喷油润滑，即利用油泵（压力为 0.05 ~ 0.3 MPa）借助于管子将润滑油从喷嘴直接喷到啮合面上（见图 3-20），喷油孔的距离应沿齿轮宽度均匀分布。

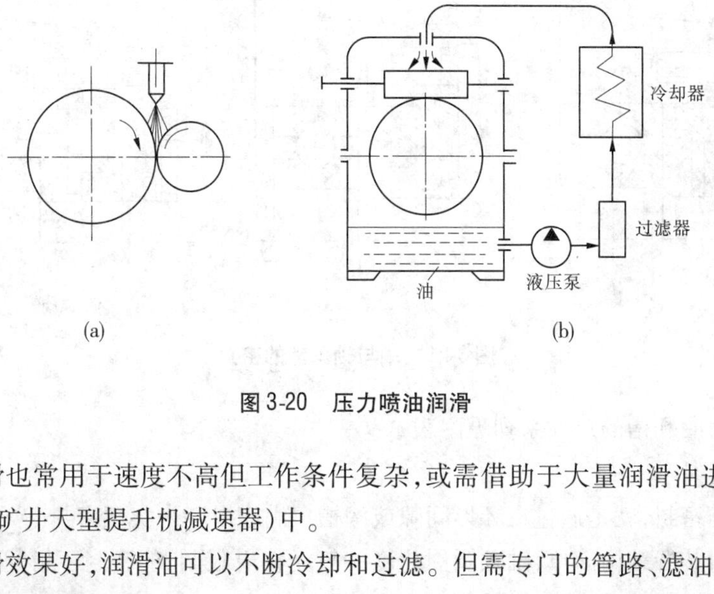

图 3-20　压力喷油润滑

喷油润滑也常用于速度不高但工作条件复杂，或需借助于大量润滑油进行冷却的重要减速器（如矿井大型提升机减速器）中。

喷油润滑效果好，润滑油可以不断冷却和过滤。但需专门的管路、滤油器、冷却及油量调节装置，因而费用较贵。

二、减速器的密封

减速器需要密封的部位很多，一般有轴伸出处、轴承室内侧、箱体接合面和轴承盖、窥视孔和放油孔的接合面等处。

密封装置的形式繁多，结构不一，设计时应根据各密封装置的特点、不同的工作条件和使用要求进行合理选用或自行设计。

下面简要介绍各主要密封部位的常用密封装置。

(一)轴伸出处的密封

轴伸出处密封的作用是使滚动轴承与箱外隔绝,防止润滑油(脂)漏出和箱外杂质、水及灰尘等侵入轴承室,避免轴承急剧磨损和腐蚀。

1. O 形橡胶圈密封

利用箱体上沟槽使 O 形橡胶圈受到压缩而实现密封,在介质作用下产生自紧作用而增强密封效果。O 形圈有双向密封的能力,其密封结构简单。O 形橡胶圈的尺寸系列见附表 A-7。

2. 唇形密封圈密封

利用耐油橡胶圈唇形结构部分的弹性和螺旋弹簧圈的扣紧力,使唇形部分紧贴轴表面而实现密封(见图 3-21)。图 3-21(a)中唇部向着轴承,密封的主要作用是防止漏油,而且随油压增大,唇部与轴贴得更紧,密封效果也随之增强。图 3-21(b)中唇部背着轴承,其主要作用是防止外界灰尘和水进入轴承与箱体内。图 3-21(c)中采用双向密封形式,即两个密封圈相对安装,同时具备防漏油和防尘能力。

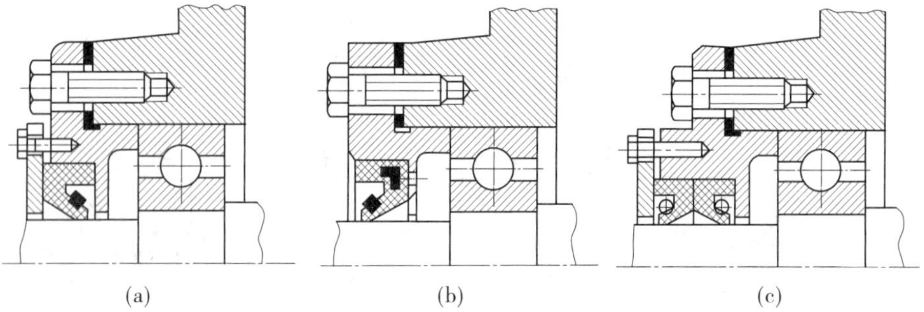

图 3-21　轴与轴承盖的密封

唇形密封圈和槽的尺寸系列见附表 A-9。

3. 沟槽密封

所谓沟槽密封,就是通过在环形间隙或沟槽填满润滑脂来实现密封。

沟槽密封装置结构简单,轴颈圆周速度一般无特定限制,但密封不够可靠,适用于脂润滑、油润滑且工作环境清洁的轴承。沟槽尺寸见附表 A-10。

4. 迷宫式密封

通过在转动元件与固定元件间所构成的曲折、狭小缝隙及缝隙内充满油脂来实现密封叫迷宫式密封(见图 3-22)。按狭缝曲折的基本方向可分轴向(见图 3-22(a)、(b))和径向(见图 3-22(c))的两类。轴向迷宫不能用于整体式轴承座及轴有较大热伸长的场合。

迷宫式密封对油润滑和脂润滑均可适用,对防尘和防漏也有较好的效果,且密封可靠,无摩擦磨损,是较理想的一种密封方式。缺点是结构较复杂,制造和安装均不便。迷宫式密封方式基本上不受轴圆周速度的限制,但当 $v>5$ m/s 时,油脂有可能从狭缝中甩出,此时最好取较小的缝隙。推荐的缝隙尺寸为:$f=1\sim2$ mm,$e=0.2\sim0.4$ mm(见

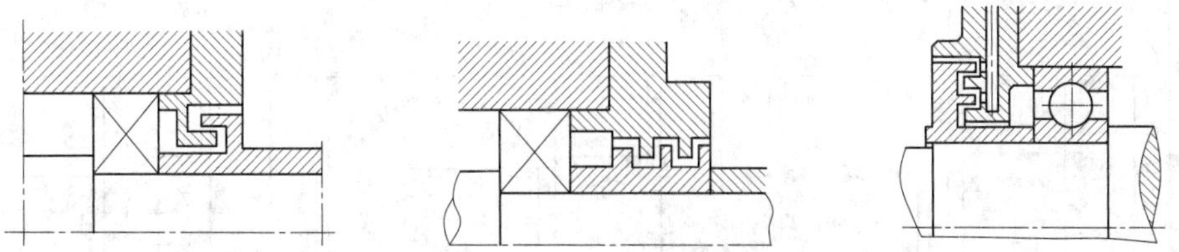

(a)　(b)　(c)

图 3-22　迷宫式密封装置

附表 A-11)。

5. 联合式密封

根据轴承的工作条件和密封要求,利用上述密封方式的特点,联合几种密封方式组成联合式密封装置(见图 3-23)。图 3-23(a)为沟槽—迷宫联合密封装置;图 3-23(b)为迷宫—唇形密封圈联合密封装置。

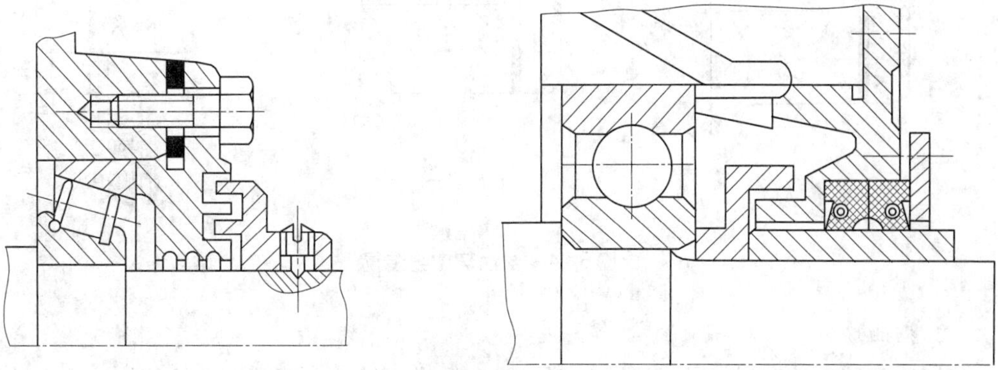

(a)　(b)

图 3-23　联合密封装置

各密封方式都可以联合,但非接触式密封间的联合尤为普通。联合式密封可使密封更为有效和可靠,常用于密封要求高的场合。

(二)轴承室内侧的密封

轴承室内侧的密封按其作用可分为封油环和挡油环两种。

1. 封油环

封油环用于脂润滑轴承,其作用是使轴承室与箱体内部隔开,防止轴承内的油脂流入箱内及箱内润滑油溅入轴承室而稀释、带走油脂。封油环密封装置如图 3-24 所示。图 3-24(a)、(b)、(c)为固定式封油环,其结构尺寸可参照上述轴伸出处的密封装置确定。图 3-24(d)、(e)为旋转式封油环,它利用离心力作用甩掉从箱壁流下的油以及飞溅起来的油和杂质,其封油效果比固定式好,是最常用的封油装置。封油环制成齿状,封油效果更好，其结构尺寸和安装方式见图 3-24(f)。

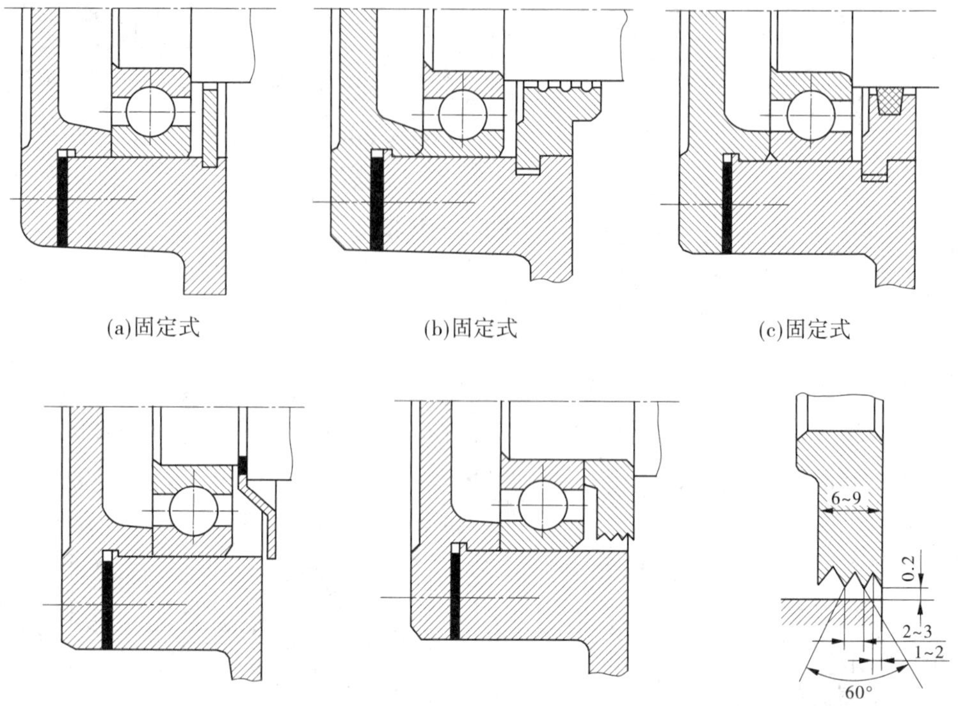

(a)固定式　(b)固定式　(c)固定式

(d)旋转式　(e)旋转式　(f)旋转式

图 3-24　封油环密封装置

2. 挡油环

挡油环用于油润滑轴承，防止过多的油、杂质进入轴承室以及啮合处的热油冲入轴承内(见图 3-25)。挡油环与轴承座孔之间应留有不大的间隙，以便让一定量的油能溅入轴承室进行润滑。

还有一种类似于挡油的装置——储油环装置(见图 3-25(c))。其作用是使轴承室内保留适量的润滑油，常用于经常启动的油润滑轴承。储油环高度以不超过轴承最低滚动体中心为宜。

(三)箱盖与箱座接合面的密封

常用的密封方法是在接合面上涂密封胶(601 密封胶、7302 密封胶及液体尼龙密封胶等)或水玻璃，也可在接合面上同时开回油沟。

回油沟上应开回油道，让渗入接合面缝隙中的油可通过回油沟及回油道流回箱内油池以增加密封效果。

少数也在接台面上开槽，并在槽内嵌耐油橡皮条进行密封。

为保证轴承与座孔的配合要求，一般禁止用在接合面上加垫片的方法来密封。

另外，凸缘式轴承端盖的凸缘、窥视孔盖板以及油塞等与箱座、箱盖的配合处均需装

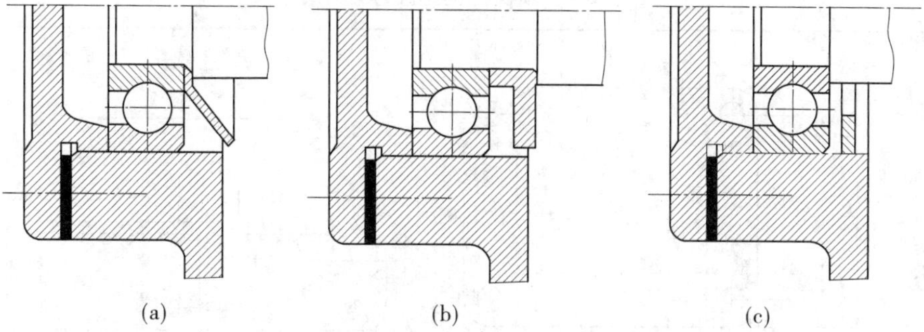

图 3-25　挡油环及储油环装置

纸封油环或皮封油环以保证密封效果良好。

任务四　设计减速器附件

一、窥视孔盖和窥视孔

为了检查传动件的啮合、润滑、接触斑点、齿侧间隙及向箱内注油等，在箱盖顶部应设置便于观察传动件啮合区位置并且足够大的窥视孔。

窥视孔平时用盖板盖上并用螺钉予以固定，盖板与箱盖接合面间加装防渗漏的纸质封油垫片。盖板材料可用钢板、铸铁或有机玻璃制成。为避免油中杂质侵入箱内，可在孔口装一滤油网（见表 3-7 中图）。

为减小机械加工面，窥视孔口部应制成凸台（见图 3-26）。图 3-26（a）为不正确的结构，这是因为刨削凸台支承面时，刨刀将与吊环螺钉座相撞。

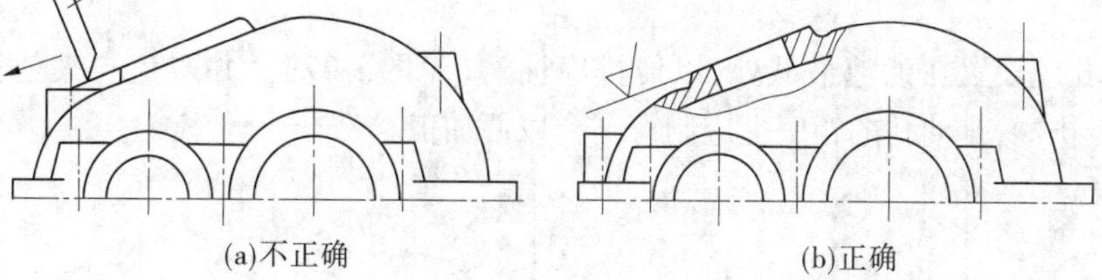

图 3-26　窥视孔凸台结构

中小尺寸窥视孔及盖板的结构尺寸见表 3-7，也可以根据减速器结构自行设计。

表 3-7　窥视孔及盖板的结构尺寸　　(单位:mm)

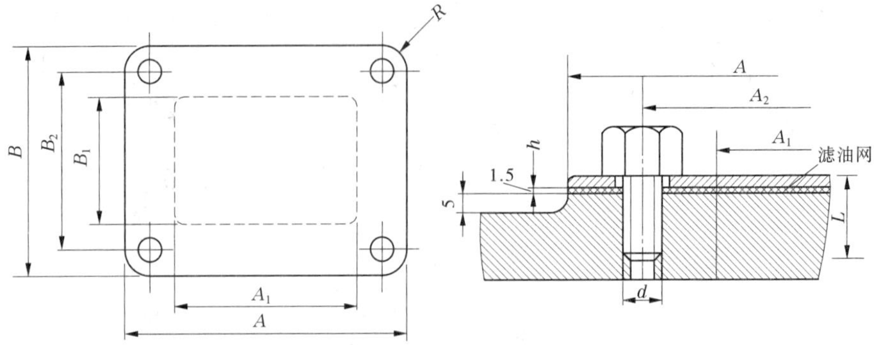

A	B	A_1	B_1	A_2	B_2	h	R	螺钉		
								d	L	个数
115	90	75	50	95	70	3	10	M8	15	4
160	135	100	75	130	105	3	15	M10	20	4
210	160	150	100	180	130	3	15	M10	20	6
260	210	200	150	230	180	4	20	M12	25	8
360	260	300	200	330	230	4	25	M12	25	8
460	360	400	300	430	330	6	30	M12	25	8

二、排油孔与油塞

为了换油及清洗箱体时排出油污,在箱座底部设有排油孔,平时排油孔用油塞及封油垫封住。

排油孔应设置在油池最低处,以便排净油污(见图 3-27)。并避免与其他机件相靠近,以便于排油,排油孔的箱壁上应制有凸台以便加工。

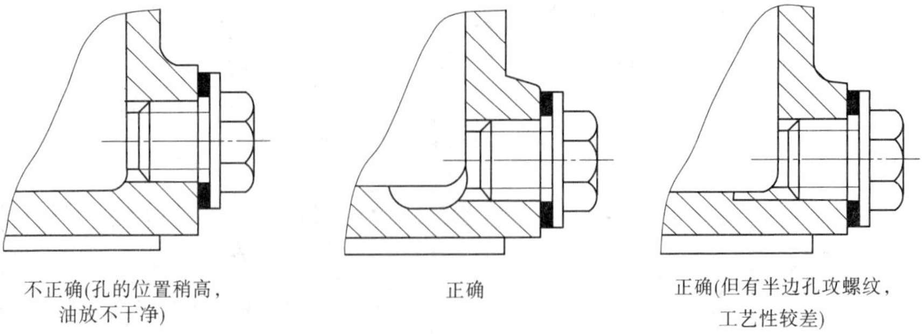

图 3-27　放油孔位置

排油孔油塞的直径为箱座壁厚的2～3倍,采用细牙螺纹以保证紧密性。近年来常用具有圆锥螺纹的油塞取代圆柱螺纹的油塞,这样就无需附加封油垫。

油塞和封油圈的结构尺寸见表3-8。

表3-8　六角头油塞和封油圈的结构尺寸　(单位:mm)

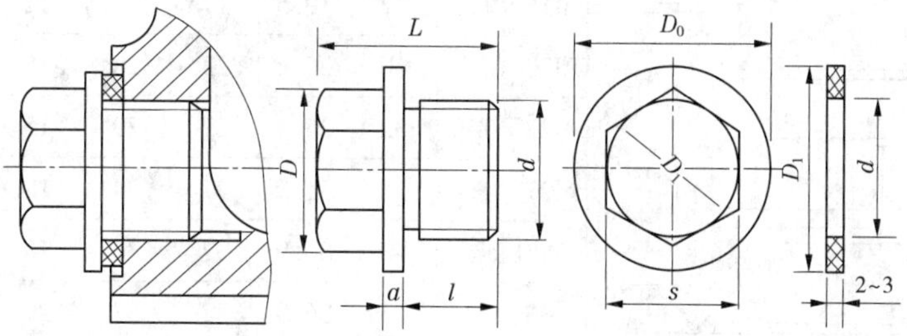

类型	D_0	L	l	a	D	s	d_1	材料
M16×1.5	26	23	12	3	19.6	17	17	螺塞:Q235 封油圈:耐油橡胶;工业用革;石棉橡胶纸
M20×1.5	30	28	15	4	25.4	22	22	
M24×2	34	31	16	4	25.4	22	26	
M27×2	38	34	18	4	31.2	27	29	
M30×2	42	36	18	4	36.9	32	32	

三、通气器

为使箱内外的气流流通,使箱体内的气压不会因减速器运转时的温升而增大,从而造成减速器密封处渗漏,应在箱盖顶部或窥视孔盖板上安装通气器,可以使箱内的热胀气体自由地逸出。

通气器的结构应能防止灰尘进入箱体以及具有足够的通气能力。通气孔不要直通顶部,较完善的通气器内部应做成各种曲路并有金属网,防止停机后灰尘吸入箱内。

表3-9中列出几种通气器的结构尺寸。通气器1的防尘和通气能力都较差,适用于发热少和环境清洁的小型减速器中;通气器2设有过滤金属网,可防止停机后将灰尘吸入箱内,通气能力较好,但尺寸较大,结构复杂,适用于比较重要的减速器中。

表 3-9　通气器的结构尺寸

（单位：mm）

通气器1

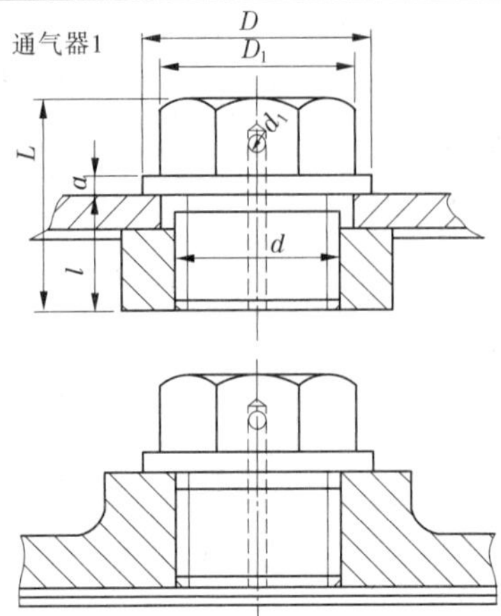

d	D	D_1	S	L	l	a	d_1
M10×1	13	11.5	10	16	8	2	3
M12×1.25	18	16.5	14	19	10	2	4
M16×1.5	22	19.5	17	23	12	2	5
M20×1.5	30	25.4	22	28	15	4	6
M22×1.5	32	25.4	22	29	15	4	7
M27×1.5	38	31.2	27	34	18	4	8
M30×30	42	36.9	32	36	18	4	8
M33×2	45	36.9	32	38	20	4	8
M36×3	50	41.6	36	46	25	5	8

通气器2

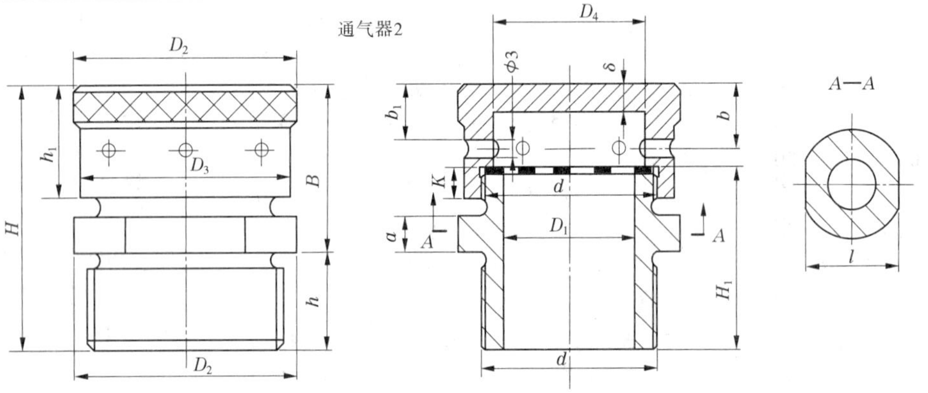

d	D_1	B	h	H	D_2	H_1	a	δ	K	b	h_1	b_1	D_3	D_4	L	孔数
M27×1.5	15	≈30	15	≈45	36	32	6	4	10	8	22	6	32	18	32	6
M36×2	20	≈40	20	≈60	48	42	8	4	12	11	29	8	42	24	41	6
M48×3	30	≈45	25	≈70	62	52	10	5	15	13	32	10	56	36	55	8

四、油标

为了检查减速器内的油面高度，应在箱体便于观察、油面较稳定的部位设置油标。对于多级传动则需安置在低速级传动件附近；长期连续工作的减速器，在油标尺的外面常装有油标尺套，可以减轻搅油的干扰，以便能在不停车的情况下随时检查油面。

油标有多种结构形式，有的已制定国家标准。下面简单介绍几种常用油标。

（一）杆式油标尺

杆式油标尺结构简单，在减速器中应用最广，其结构形式和安装方法如图 3-28 所示。油标尺上刻有最高和最低油标线。观察时拔出油标尺，由上面的油痕判断油面高度是否适当。

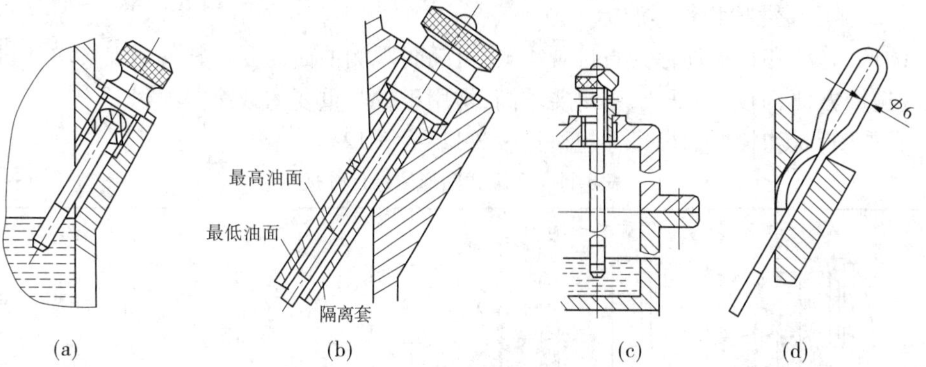

图 3-28　油面测量指示器结构

图 3-28(a)为最常用的结构和安装方式。图 3-28(b)装有隔离套,可以稳定油标尺上的油痕位置,提高油面观测效果。图 3-28(c)为直装式油标尺,这种安装方式特别适用于箱座较矮、不便采用侧装式油标的场合。该结构带有通气孔,可代替通气器。图 3-28(d)为简易油标尺。

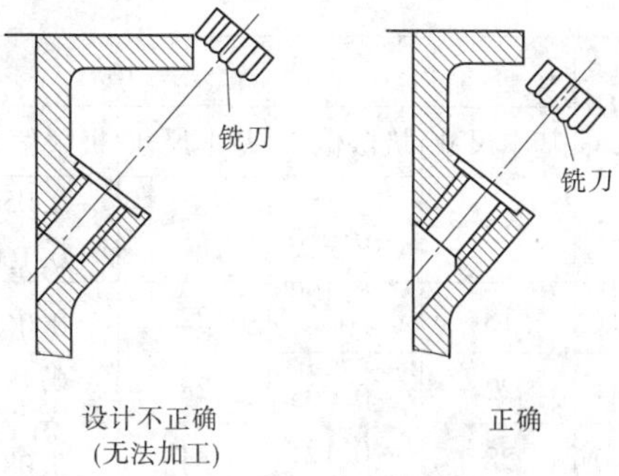

图 3-29　杆式油标座的位置

设计时应注意油标尺的安置高度和倾斜位置。若油标尺太低及倾斜度太小,则箱内的油易溢出;若油标尺太高或倾斜度太大,则油标尺难以拔出,插座上的插孔也难以加工(见图 3-29)。

杆式油标尺的结构尺寸见表 3-10。

表 3-10　杆式油标尺的结构尺寸

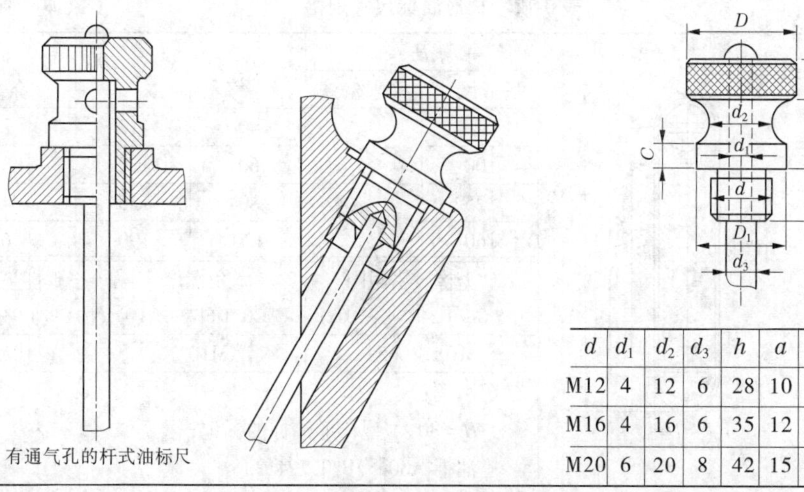

d	d_1	d_2	d_3	h	a	b	c	D	D_1
M12	4	12	6	28	10	6	4	20	16
M16	4	16	6	35	12	8	5	26	22
M20	6	20	8	42	15	10	6	32	26

（二）圆形、管状和长形油标

圆形、管状和长形油标为直接观察式，可随时观测油面高度。其尺寸规格均有国家标准，故选用方便，但结构复杂，密封要求高，常用于较为重要的减速器中。

圆形、管状和长形油标尺寸规格见表3-11、表3-12。

表3-11　压配式圆形油标尺寸规格　　（单位：mm）

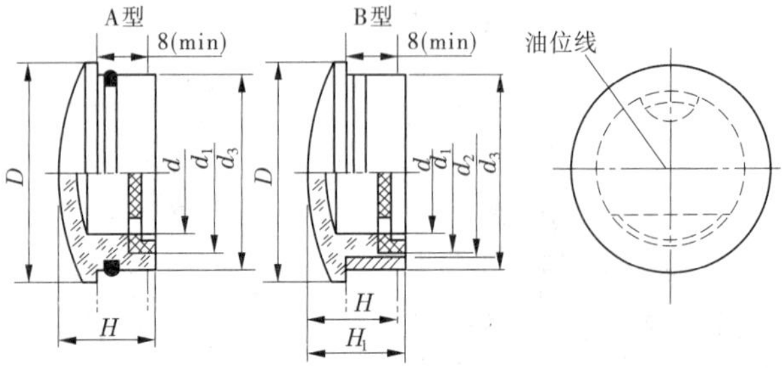

标记示例：

视孔d=32、A型压配式圆形油标的标记：

油标　A32　JB/T　7941.1—1995

d	D	d_1 基本尺寸	d_1 极限偏差	d_2 基本尺寸	d_2 极限偏差	d_3 基本尺寸	d_3 极限偏差	H	H_1	O型橡胶密封圈（按GB/T 3452.1—2005）
12	22	12	−0.050 −0.160	17	−0.050 −0.160	20	−0.065 −0.195	14	16	15×2.65
16	27	18		22	−0.065 −0.195	25				20×2.65
20	34	22	−0.065 −0.195	28		32	−0.080 −0.240	16	18	25×3.55
25	40	28		34	−0.080 −0.240	38				31.5×3.55
32	48	35	−0.080 −0.240	41		45		18	20	38.7×3.55
40	58	45		51	−0.100 −0.290	55	−0.100 −0.290			48.7×3.55
50	70	55	−0.100 −0.290	61		65		22	24	—
63	85	70		76		80				

表3-12　长形油标尺寸规格　　（单位：mm）

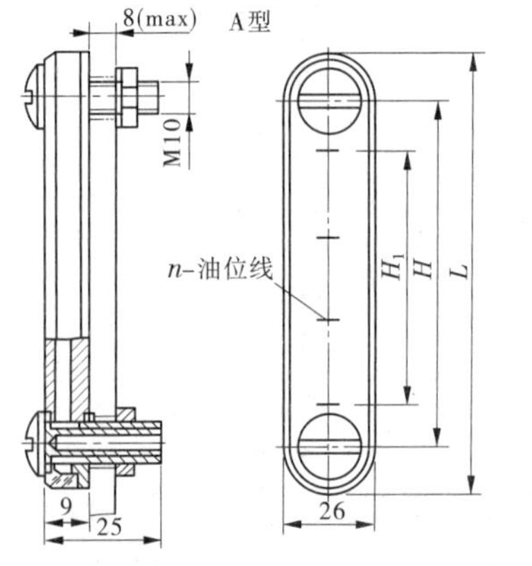

H 基本尺寸	H 极限偏差	H_1	L	n（条数）
80	±0.17	40	110	2
100		60	130	3
125	±0.20	80	155	4
160		120	190	6

O型橡胶密封圈（按GB/T 3452.1—2005）	六角螺母（按GB/T 6172—2000）	弹性垫圈（按GB/T 93—1987）
10×2.65	M10	10

标记示例：

H=80、A型长形油标的标记：

油标 A80　JB/T 7941.3

五、吊环螺钉、吊耳和吊钩

吊环螺钉装在箱盖上，以便于拆卸和吊运箱盖。吊环螺钉旋入螺孔螺纹部分不应太短，以保证足够的承载能力（见图3-30）。吊环螺钉为标准件，其尺寸可根据减速器重量来选择确定（见附表D-6）。为使吊环螺钉的支承面紧压在箱体凸缘面上，螺孔口部应局部扩大。

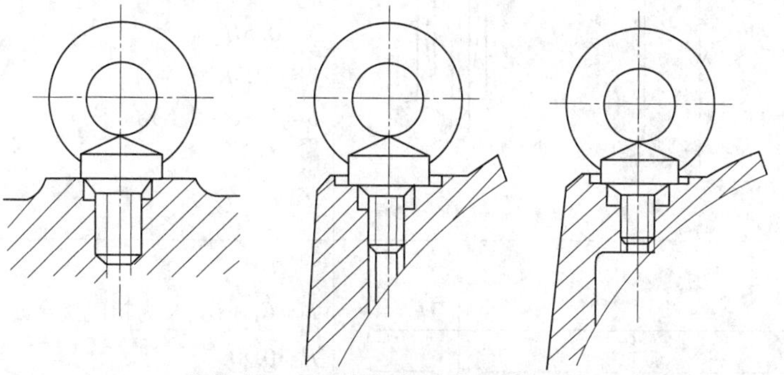

图3-30　吊环螺钉螺孔与安装结构

为了减少螺孔和支承面等部位的机械加工量，常在箱盖上直接铸出吊耳或吊耳环来代替吊环螺钉。为防止箱体接合面上各连接螺栓松动，吊环螺钉和吊耳一般用来吊运箱盖，而不允许吊运整台减速器，只有对重量不大的小型减速器，才允许用吊环螺钉或吊耳整台吊运。

为吊运整台减速器，常在箱座两端凸缘下面铸出吊钩。

吊耳、吊耳环和吊钩的形状及结构尺寸见表3-13。也可按减速器结构自行设计。

表3-13　吊耳和吊钩的形状及结构尺寸

1. 吊耳 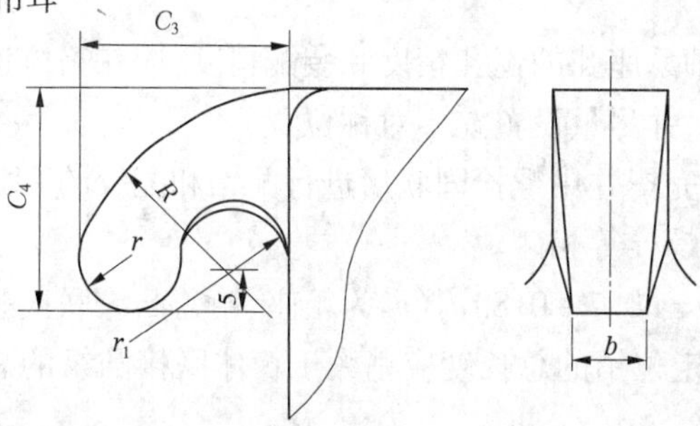	$C_3=(4\sim5)\delta_1$ $C_4=(1.3\sim1.5)C_3$ $b=(1.8\sim2.5)\delta_1$ $R=C_4$ $r_1\approx0.2C_3$ $r\approx0.25C_3$ δ_1为箱盖壁厚
2. 吊耳环 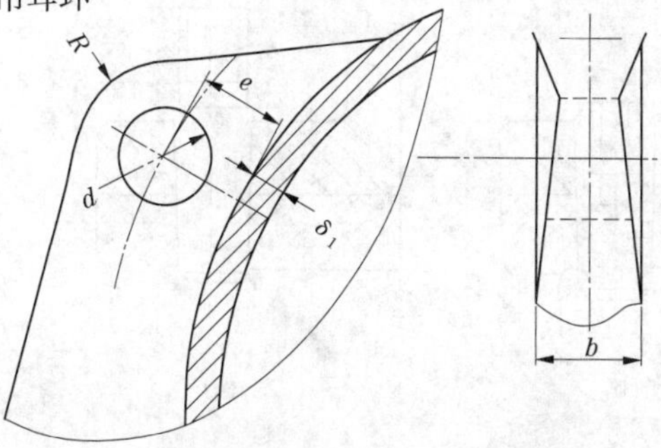	$d=b\approx(1.8\sim2.5)$ $R\approx(1\sim1.2)d$ $e\approx(0.8\sim1)d$

续表 3-13

3. 吊钩 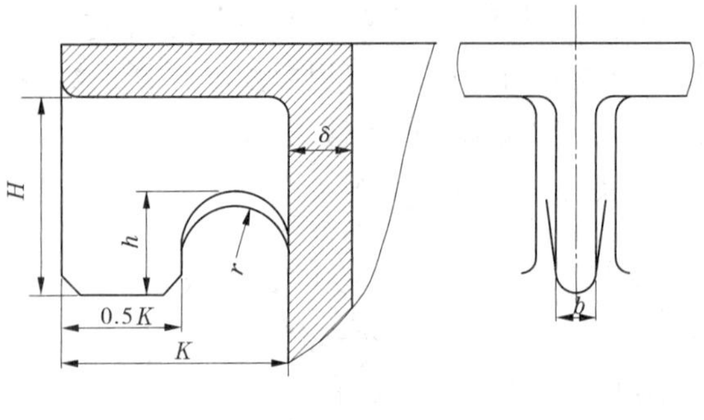	$K=C_1+C_2$（K 为箱座接合面凸缘宽度） $H\approx 0.8K$ $h\approx 0.5H$ $r\approx 0.25K$ $b\approx(1.8\sim 2.5)\delta$
4. 吊钩 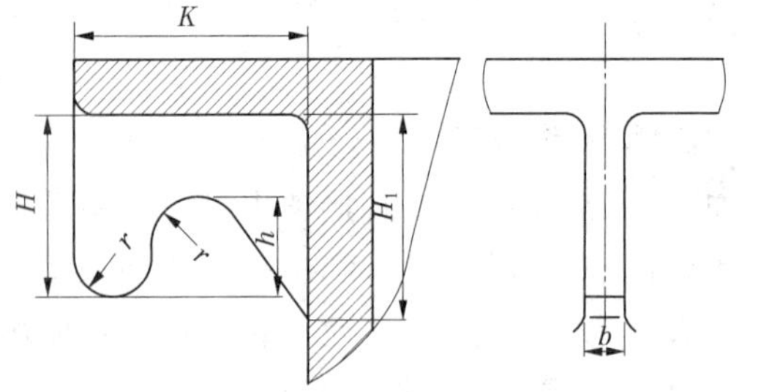	$K=C_1+C_2$（K 为箱座接合面凸缘宽度） $H\approx 0.8K$ $h\approx 0.5H$ $r\approx 0.25K$ $b\approx(1.8\sim 2.5)\delta$ H_1 按结构确定

六、定位销和起盖螺钉

（一）定位销

为确定箱座与箱盖的相互位置，保证轴承座孔的镗孔精度和装配精度，应在箱体连接凸缘上距离尽量远处安置两个圆锥定位销，并尽量设置在不对称位置。

定位销孔是在箱盖和箱座剖分面加工完毕并用螺栓固联后进行配钻和配铰的。其位置应便于钻、铰和装拆，不应与邻近箱壁和螺栓等相碰。

定位销的公称直径（小端直径）可取 $d=(0.7-0.8)d_2$（d_2 为箱座、箱盖凸缘联接螺栓的直径），并圆整为标准值，见附表 D-12。定位销的总长度应稍大于箱体联接凸缘的总厚度，以便于装拆，如图 3-31（a）所示。

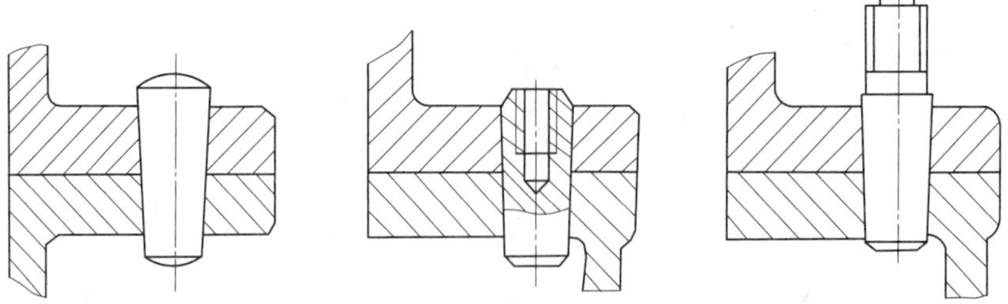

(a)　　(b)　　(c)

图 3-31　定位销结构

(二)起盖螺钉

箱盖、箱座装配时在剖分面上所涂的密封胶给拆卸箱盖带来了很多不便,为此常在箱盖侧边的凸缘上装 1 ~ 2 个起盖螺钉。在起盖时,首先拧动螺钉顶起箱盖(见图 3-32)。螺钉的直径一般与箱体凸缘联接螺栓直径相同,其螺纹长度必须大于箱盖凸缘的厚度,螺钉端部制成直径较细的圆柱端或半圆形。小型减速器也可不用起盖螺钉。

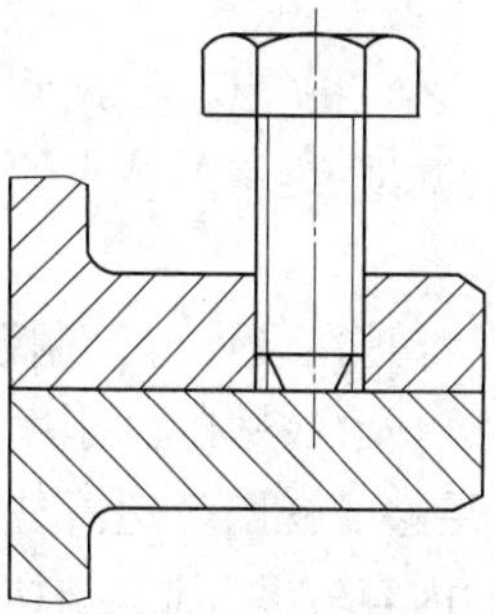

图 3-32　起盖螺钉结构

学习项目四　绘制装配图

机械的装配图是表达各零部件之间相互位置、尺寸关系和各零件结构形状的图样，也是绘制零件工作图，进行机械组装、调试、维修的技术依据。因此，装配图设计及绘制是整个机械设计过程中极为重要的环节。

由于大部分零件的结构和尺寸都是在设计与绘制装配图的过程中决定的，所以在这个阶段要综合考虑机器的工作要求以及材料强度、刚度、加工、装拆、调整、润滑、密封、维护和经济性等各方面的因素，并用足够的视图表达清楚。

由于设计及绘制装配图涉及的内容较多，既有结构设计，又有校核计算，因此设计过程比较复杂，须采用"由主到次、由粗到细""边绘图、边计算、边修改"的方法逐步完成。

在画装配图之前，应通过翻阅资料、装拆减速器等，搞清楚减速器各零部件的作用、类型和结构，还要注意减速器的以下几项技术数据：

(1)电动机型号，电动机输出轴的轴径、轴伸长度，电动机的中心高。

(2)联轴器的型号、孔径范围、孔长和装拆尺寸要求。

(3)传动零件的中心距、分度圆直径、齿顶圆直径以及齿轮的宽度。

(4)滚动轴承的型号。

(5)箱体的结构方案(剖分式或整体式)。

(6)所推荐箱体结构的有关尺寸。

画装配图时，应选好比例尺，布置好图面位置。画草图的比例尺应与正式图的比例尺相同，并优先选用1∶1的比例尺，以便于绘图并有真实感。一般装配图的三视图、预留明细栏和技术要求等的位置如图4-1所示。

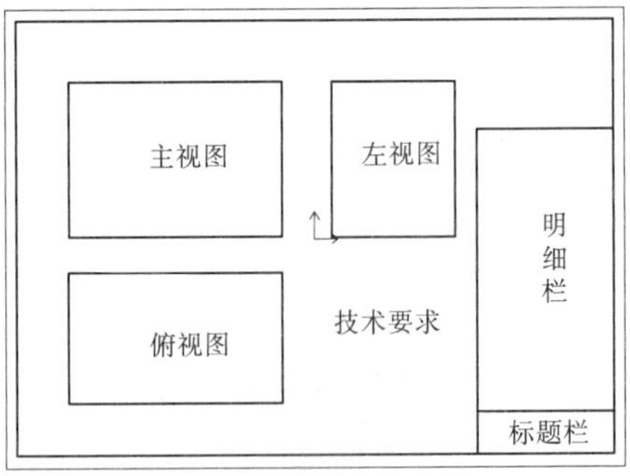

图4-1　装配图的布置

做好上述准备工作后，即可开始绘图。在绘图过程中请牢记计算与绘图要交叉进行。下面以一级直齿圆柱齿轮减速器为例，说明绘图的具体过程，供高职院校学生和初学者参考。(电脑绘图)

第一步：绘制减速器中的低速轴。此低速轴在学习项目二任务四中已确定好尺寸。绘制时，以确定轮廓为主，对细部结构可先不画；三视图中，以俯视图为主，兼顾主视图和左视图。在对应位置放上轴承，如图 4-2 所示。

第二步：在轴上放上大齿轮。如图 4-3 所示，为保证轴向定位可靠，轴头长度应比与之配合的轮毂宽度短 2 ~ 3 mm。

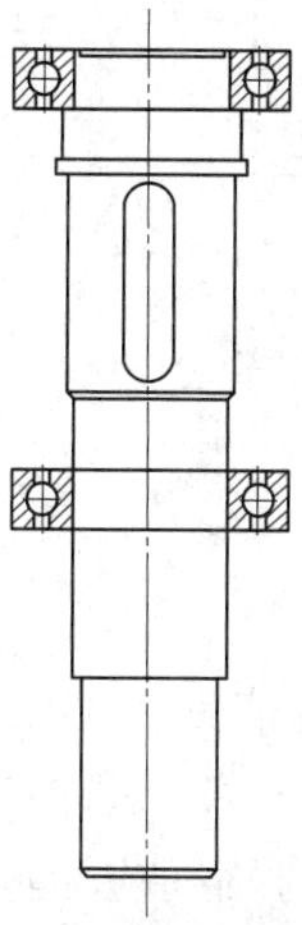

图 4-2　绘制低速轴

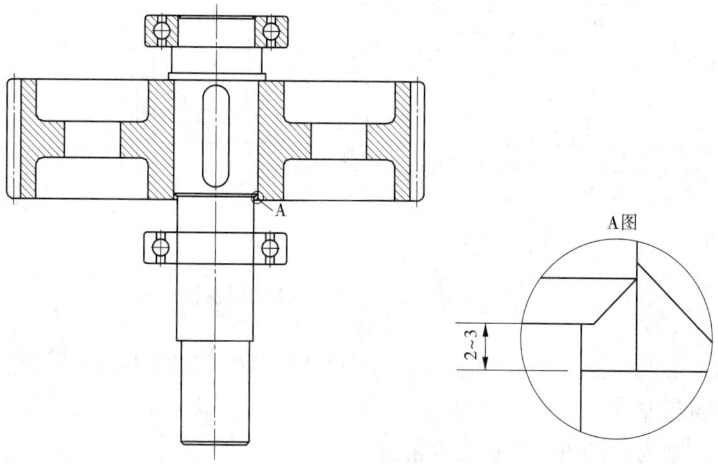

图 4-3　绘制低速轴上的大齿轮

第三步：绘制与大齿轮啮合的小齿轮，以及高速轴。为了便于安装和补偿轴向尺寸的变动，保证接触线的长度，通常将小齿轮的宽度取得比大齿轮的宽度大 5 ~ 10 mm。箱体内壁与传动件间应留有一定的间距，如齿轮的齿顶圆至箱体内壁间应留有间隙 Δ_1（圆整），齿轮端面至箱体内壁间应留有间隙 Δ_2（圆整），如图 4-4 所示，Δ_1、Δ_2 的值见表 3-1。轴承端面至箱体内壁应留间隙 5 ~ 10 mm。如图 4-5 所示，为保证轴向定位可靠，轴头长度应比与之配合的轮毂宽度短 2 ~ 3 mm。

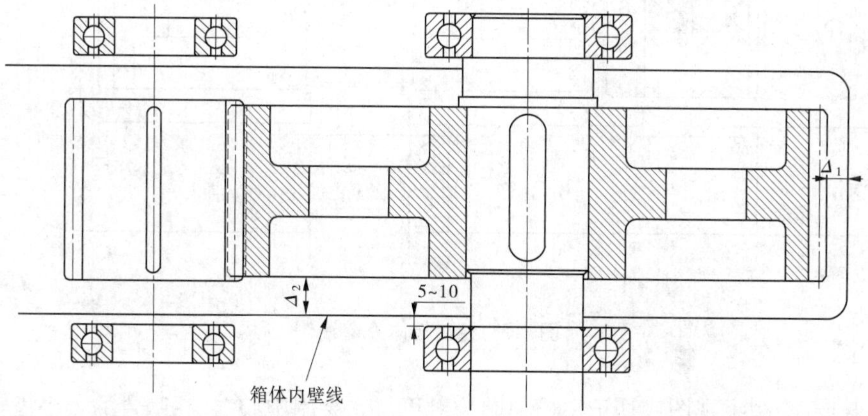

图 4-4　绘制小齿轮、内壁线和轴承

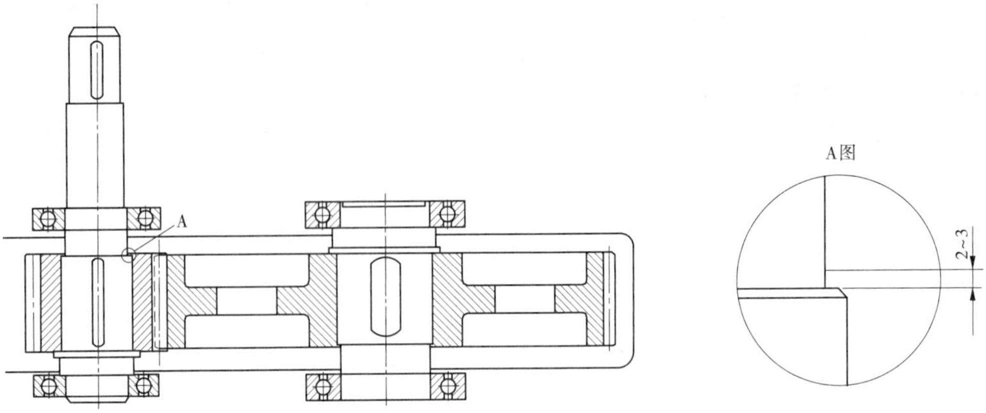

图 4-5　绘制高速轴

第四步：绘制外壁线以及轴承盖、密封圈。如图 4-6 所示，l_1 、l_2 、δ 的值查表 3-1。加工面与非加工面必须严格分开，箱体的轴承座端面需要加工，因而应该凸出，如图 4-7 所示。轴为运动件，轴承盖为静止件，因此外伸端的轴承盖（透盖）的孔与轴间应留间隙 0.5 ~ 1 mm。轴承盖的尺寸可参照表 3-4。外伸端的轴承盖（透盖）应设置密封装置，O 形橡胶密封圈见附表 A-7，J 形无骨架橡胶油封见附表 A-8，唇形密封圈见附表 A-9，油沟式密封槽见附表 A-10。

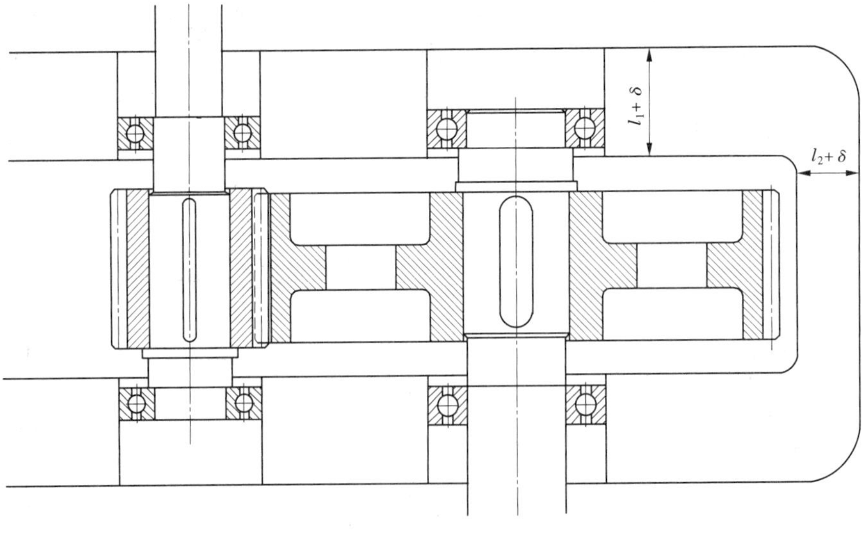

图 4-6　绘制箱体外壁线

第五步：绘制主视图。切记主俯视图长对正。先绘制中心线、相啮合的大小齿轮分度圆（注意用点划线绘制），再绘制箱体和箱座的内壁线和外壁线。浸油润滑的油池应保持一定的深度和储油量。油池太浅易激起箱底沉渣和油污，引起磨料磨损，也不易散热。一

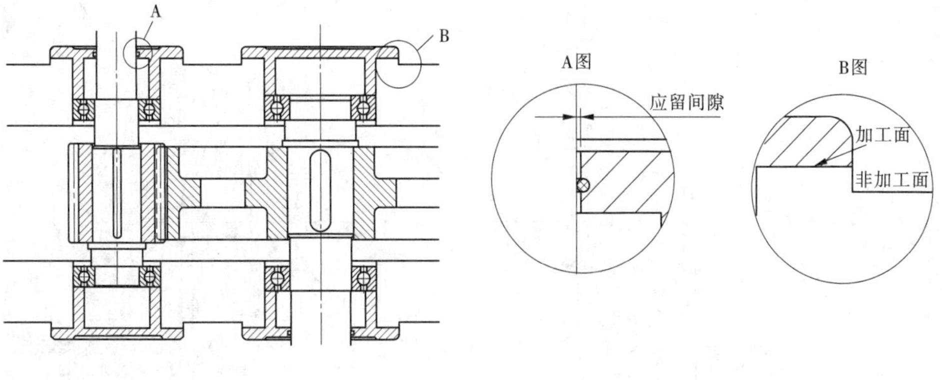

图 4-7　绘制轴承盖

般齿顶圆至油池底面的距离 H_2 不应小于 30 ~ 50 mm。箱座剖分面至箱座内底高度 $H_d \geq d_a/2 + (30 \sim 50)$ mm,式中 d_a 为浸油最深的齿轮或蜗轮的外圆直径。箱座高度 $H = H_d + \delta + (3 \sim 8)$ mm,式中 δ 为箱底壁厚,如图 4-8 所示。b、b_1、b_2 的尺寸参照表 3-1。绘制油塞时,油塞应低于箱座内底面。

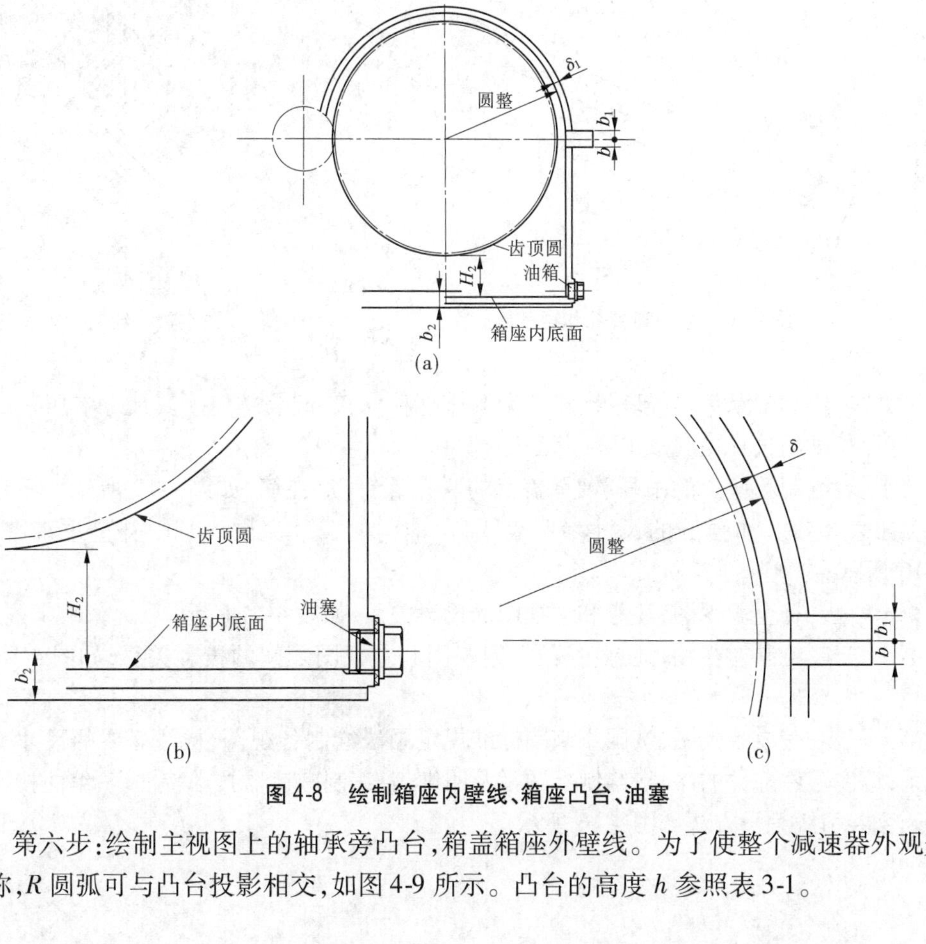

图 4-8　绘制箱座内壁线、箱座凸台、油塞

第六步:绘制主视图上的轴承旁凸台,箱盖箱座外壁线。为了使整个减速器外观美观匀称,R 圆弧可与凸台投影相交,如图 4-9 所示。凸台的高度 h 参照表 3-1。

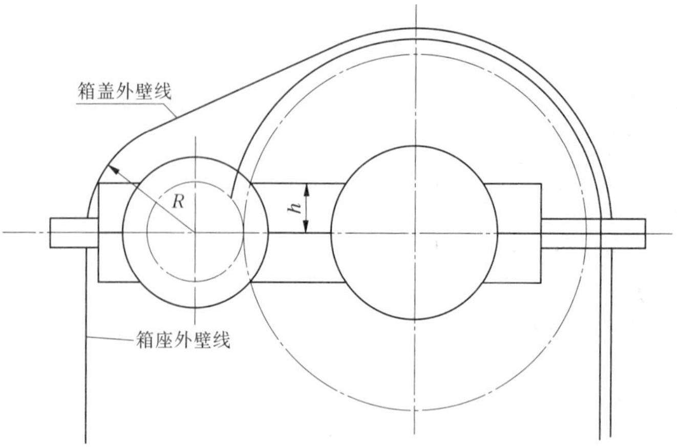

图 4-9　轴承旁凸台

第七步:绘制窥视孔和通气器。通气器和窥视孔盖的尺寸选择参照表 3-9。绘制时注意螺纹联接的画法(可参照机械制图中螺纹联接的画法),如图 4-10 所示。

第八步:绘制油标,如图 4-11 所示。油标的尺寸参照表 3-10 ~ 表 3-12。

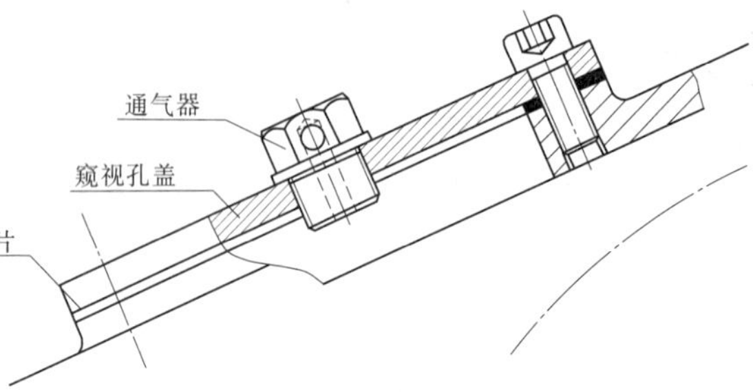

图 4-10　绘制窥视孔和通气器

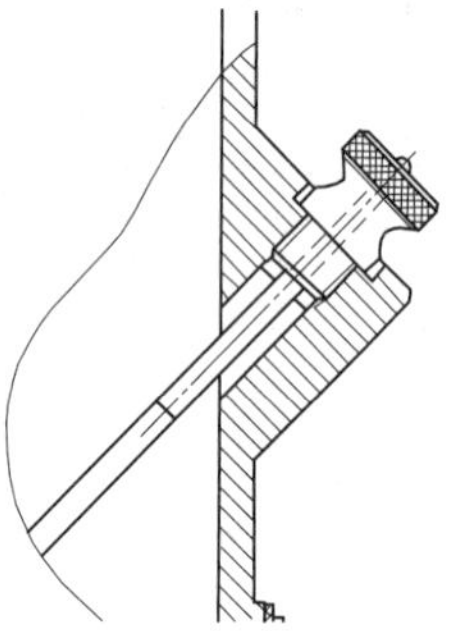

图 4-11　绘制油标

第九步:绘制轴承旁螺栓联接、箱盖和箱座螺栓联接、起盖螺钉。其尺寸参照表 3-1。螺钉、螺栓长度的选择见附表 D-3、附表 D-4。

第十步:绘制箱座上的吊耳、轴承盖上的联接螺钉、加强筋,如图 4-12 所示。吊耳的尺寸参照表 3-13。加强筋的尺寸参照表 3-1。油沟的尺寸见图 3-12。补全主视图,如图 4-13 所示。

第十一步:补全俯视图,注意和主视图的投影关系,如图 4-14 所示。

第十二步:绘制左视图,注意主视图、俯视图和左视图之间的投影关系,如图 4-15 所示。

第十三步:完成装配图,按国家制图标准规定画法绘制各视图;标注必要的尺寸及配合关系;编注零件部件的序号;绘制标题栏及明细表;编制减速器技术特性表;编注技术要求等。公共引线编号方法如图 4-16 所示。

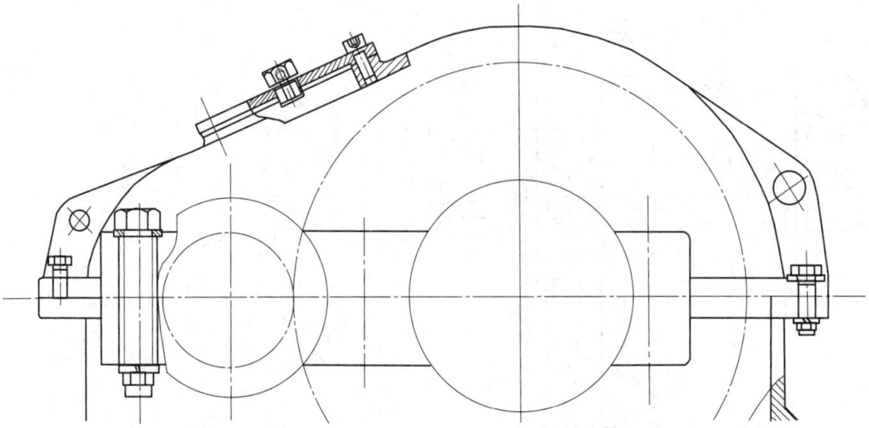

图 4-12　绘制轴承旁螺栓、吊耳

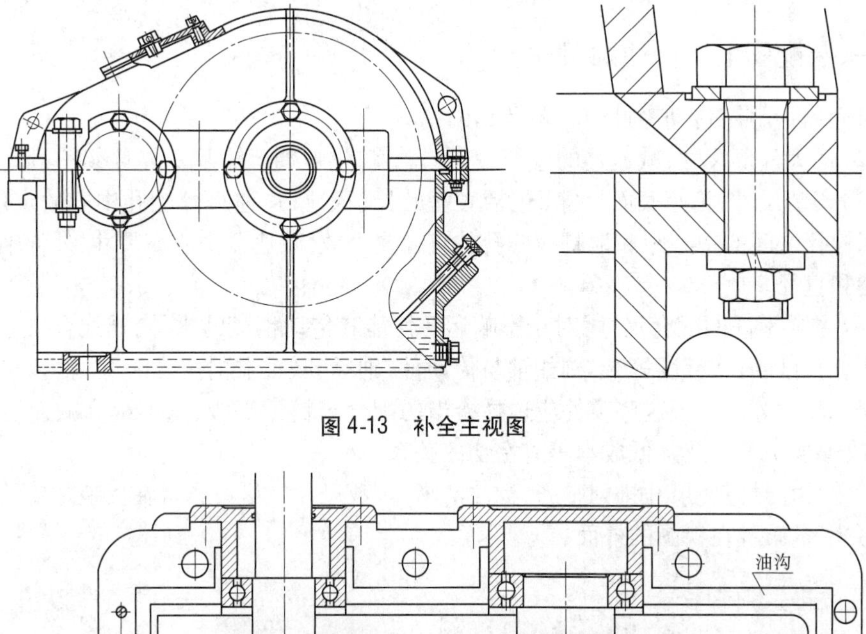

图 4-13　补全主视图

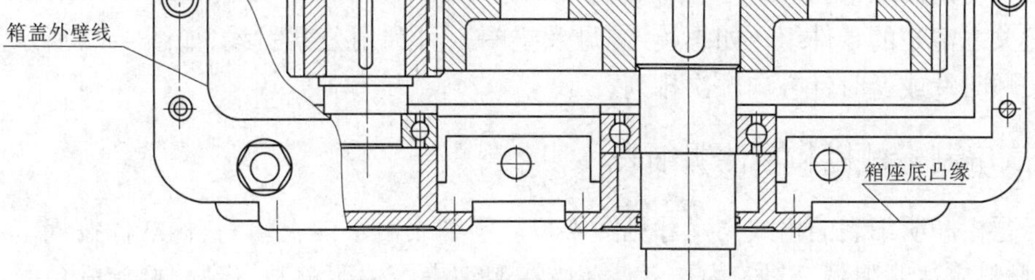

图 4-14　补全俯视图

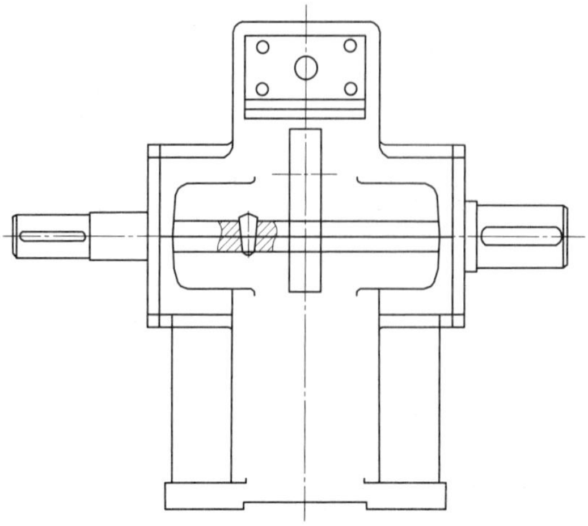

图 4-15　绘制左视图

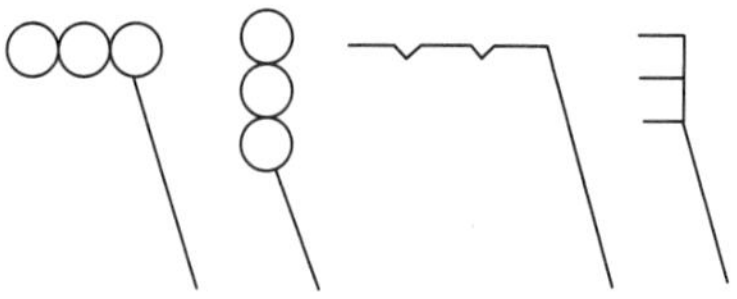

图 4-16　公共引线编号方法

一、装配图上应标注的尺寸

(1)特性尺寸:传动零件中心距及其偏差。

(2)最大外形尺寸:减速器的总长、总高、总宽,供包装运输及安装时参考。

(3)安装尺寸:箱座底面尺寸(包括底座的长、宽、厚),地脚螺栓孔中心的定位尺寸,地脚螺栓孔之间的中心距和地脚螺栓孔的直径及个数,减速器中心高尺寸,外伸轴端的配合长度和直径。

(4)主要零件的配合尺寸:对于影响运转性能和传动精度的零件,其配合尺寸应标注出尺寸、配合性质和精度等级,例如轴与传动件、轴承、联轴器的配合尺寸,轴承与轴承座孔的配合尺寸等。对于这些零件应选择恰当的配合与精度等级,这与提高减速器的工作性能、改善加工工艺及降低成本等有密切的关系。

标注尺寸时应使尺寸排列整齐、标注清晰,多数尺寸应尽量布置在反映主要结构的视图上,并尽量布置在视图的外面。

二、编写零件序号

装配图上所有零件均应标出序号,但相同零件只能有一个编号,编号引线不应相交,并尽量不与剖面线平行。对于独立部件(如滚动轴承、油标等),可作为一个零件编号。对装配关系清楚的零件组(如螺栓、螺母及垫圈),可利用公共引线,如图 4-17 所示。编号应按顺时针或逆时针方向顺次排列。

三、编制标题栏和零件明细表

标题栏和明细表的格式与尺寸见图 4-17。明细表由下向上填写,标准件按规定方法标记,材料应注明牌号。对箱内传动件还应在明细表内注明模数、齿数、螺旋升角等主要参数。

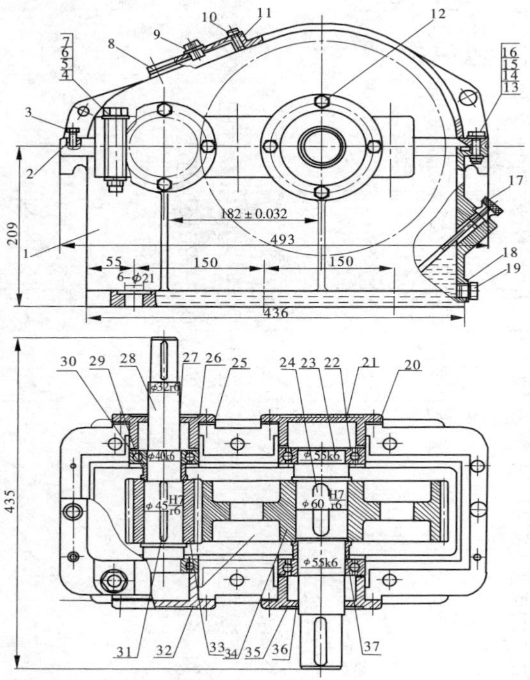

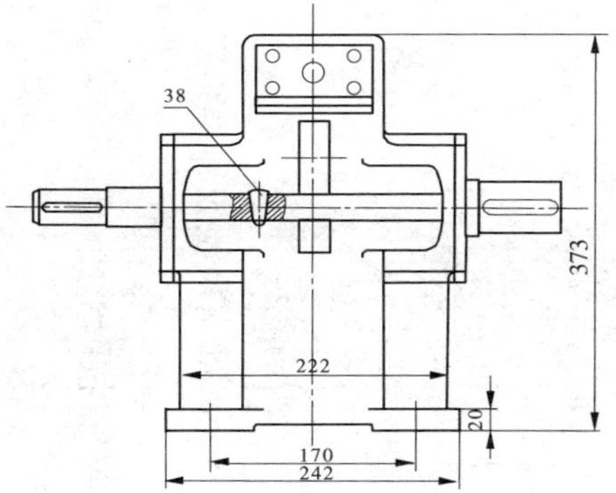

技术要求

1.装配前所有的零件都要检查并用煤油清洗干净，滚动轴承用汽油清洗，并检查是否能灵活转动以及有无杂音。

2.用铅丝检查啮合侧隙，其侧隙不小于0.16 mm，铅丝直径不得大于最小侧隙的4倍。

3.用涂色法检验斑点，齿高接触斑点数不少于45%，齿长接触斑点数不少于60%，必要时可研磨或刮削以改善接触情况。

4.调整固定轴承时，留轴向间隙0.1~0.8 mm。

5.箱内不允许有任何杂物，并涂黄丹漆两遍。

6.装配时，剖分面不允许使用任何填料，可以涂密封油漆和水玻璃，试转时应检查剖分面，各接触面及密封处均不准漏油。

7.箱座内壁50号工业齿轮油至规定高度。

8.减速器外面涂灰色油漆。

9.出厂前按规定进行试运行。

序号	名称	数量	材料	标准	备注
38	定位销 8×30	2		GB/T 117-2000	
37	套筒	1	Q235		
36	O形橡胶密封圈 53×2.65	1		GB/T 3452.1-2000	
35	轴承盖	1	HT150		
34	大齿轮	1	45		
33	小齿轮	1	45		
32	轴承盖	1	HT150		
31	键8×80	1		GB/T 1096-2003	
30	套筒	1	Q235		
29	深沟球轴承6208	2		GB/T 7752-2005	
28	高速轴	1	45		
27	O形橡胶密封圈 36.5×2.65	1		GB/T 3452.1-2000	
26	轴承盖	1	HT150		
25	调整垫片	1	08F		
24	键18×70	1		GB/T 1096-2003	
23	低速轴	1	45		
22	深沟球轴承6211	2		GB/T 7752-2005	
21	轴承盖	1	HT150		
20	调整垫片	2	08F		
19	外六角螺塞M14×1.5	1		JB/ZQ 4770-2006	
18	油圈22×14	1	工业用革		
17	油标	1	Q235		
16	螺母M10	2		GB/T 41-2000	
15	弹簧垫圈10	2		GB/T 93-1987	
14	平垫圈10	2		GB/T 97.2-2002	
13	螺栓M10×35	2		GB/T 5780-2000	
12	螺栓M8×30	8		GB/T 5780-2000	
11	垫片	1	石棉橡胶纸		
10	螺钉M8×20	1		GB/T 70.1-2000	
9	通气器	1	Q235		
8	窥视孔盖	1	钢化玻璃		
7	螺母M16	6		GB/T 41-2000	
6	弹簧垫圈16	6		GB/T 93-1987	
5	平垫圈16	6		GB/T 97.2-2002	
4	螺栓M16×80	6		GB/T 5780-2000	
3	起盖螺钉M8×20	2		GB/T 5782-2000	
2	箱盖	1	HT150		
1	箱座	1	HT150	GB/T 276-1994	

设计		(日期)		1:2
审核		(日期)		减速器
(班级)			(学校名称)	

图 4-17　装配图

四、编写技术要求

装配图的技术要求是用文字说明在视图上无法表达的有关装配、调整、检验、润滑、维护等方面的内容,它和图面表示的内容是同等重要的。正确制订技术要求将保证减速器的工作性能。技术要求与设计要求有关,主要包括以下几方面。

(一)装配前的零件表面要求

(1)所有零件均应清除铁屑并用煤油、汽油等清洗干净。

(2)箱体内表面和齿轮(蜗轮)等未加工表面应先后涂底漆和红色耐油漆。箱体外表面应先后涂底漆及油漆。

(3)零件配合面洗净后应涂润滑油。

(二)安装和调整要求

(1)滚动轴承的安装。安装时轴承内圈应紧贴轴肩或定位环,要求间隙不得通过0.05 mm厚的塞尺。

(2)轴承的轴向间隙或游隙。对游隙不可调轴承(如深沟球轴承),游隙取0.25~0.4 mm。

(三)密封要求

(1)箱体接合面应涂密封胶或水玻璃,但不允许填任何垫片。

(2)装配时在拧紧箱体连接螺栓前,应使用0.05 mm的塞尺检查箱盖和箱座接合面之间的密封件。

(3)轴伸出处的密封应涂润滑脂,各密封装置应严格按图纸所示位置安装。

(四)润滑要求

润滑剂对传动性能有很大的影响,在技术要求中,应写明传动件及轴承的润滑剂品种、用量及更换时间。

更换润滑油时间:一般新减速器第一次使用时,运转7~14天后换油,以后可根据情况每隔3~6个月换一次油。

(五)包装和运输要求

(1)外伸轴及其附件应涂油包装。

(2)搬动、起吊时不得使用吊环螺钉及吊耳。

以上技术要求不一定要全部列出,有时还须另增项目,主要由设计的具体要求并参照国家标准《圆柱齿轮减速器通用技术条件》(JB/T 9050.1—2015)确定。

学习项目五　绘制零件图

零件工作图又叫零件图，它是生产中的重要技术文件，是制造和检验零件的依据。在机器或部件中，每个零件的结构尺寸和加工要求在装配图中没有反映出来，若要把装配图中的各个零件制造出来，还必须绘制出每一零件的零件图。零件图的结构和装配尺寸应与装配图上一致。但在零件图设计过程中，发现装配图上的零件有不完善之处或有错误时，可以修改该零件的结构和有关尺寸，此时，必须对装配图做相应的修改。

零件图是零件制造、检验和制订工艺规程的基本技术资料，它既反映设计的意图，又考虑制造的可能性和合理性。正确设计零件图，可以起到减少废品、降低生产成本、提高生产率和机械使用性能的作用。

对设计、绘制零件图来说，有以下要求：

(1)正确选择和合理布置视图。用尽可能少的视图、剖视、剖面及其他机械制图中规定的画法，清晰且正确地表达出零件的结构形状和几何尺寸，应与装配图一致，如需改动，装配图也要做相应的修改。

(2)合理标注尺寸。尺寸必须齐全、清楚，并且标注合理，无遗漏，不重复。对配合尺寸和要求较高的尺寸，应标注尺寸的极限偏差，并根据不同的使用要求，标注表面形状公差和位置公差。所有加工表面都应注明表面粗糙度。

(3)编写技术要求。零件在制造、检验或作用上应达到的要求，当不使用规定的符号标注时，可集中书写在图纸的右下角。它的内容广泛，需视具体零件的要求而定。

(4)画零件图标题栏。

任务一　绘制轴类零件

一、视图的选择

轴类零件图，一般只需一个主视图。在有键槽和孔的地方，可增加局部剖面。对轴上的中心孔、退刀槽、砂轮越程槽等细小结构，如有要求，可画出局部放大图。

二、尺寸标注

轴类零件主要标注各轴段的直径尺寸和长度尺寸。

标注轴的直径尺寸时，应注意有配合关系的部位。当各轴段直径有几段相同时，应逐一标注，不得省略。

标注长度尺寸时，要根据零件尺寸的精度要求、机械加工工艺过程，确定加工基准后，选择合理的标注形式。对于尺寸精度要求高的长度尺寸，应直接注出，避免加工过程中的尺寸换算。不允许尺寸链封闭。

三、标注尺寸的极限偏差和几何公差

(1)轴上的配合部位(如轴头、轴颈、密封装置处等)的直径尺寸,要根据装配图中的配合性质,从公差配合表中查出公差值,并标出各个尺寸的极限偏差。

(2)键槽的极限偏差可按键连接标准从附表 D-10 中查出。为了加工检验方便,键槽深度一般改注尺寸 d－t 值,再标注极限偏差(此时极限偏差值取负值)。

(3)轴的长度尺寸,可以不标注极限偏差。自由公差按 h12、h13 或 H12、H13 决定。

(4)轴上的各重要表面,应标注形状公差和位置公差(几何公差)。轴的几何公差选择参见教材《公差选用与零件测量》(王颖主编,高等教育出版社)。

四、标注表面粗糙度

轴的各个表面,一般都要进行加工,其表面粗糙度数值选择参见教材《公差选用与零件测量》(王颖主编,高等教育出版社)

五、编写技术要求

轴零件图如图 5-1 所示。

轴类零件的技术要求一般包括以下内容:

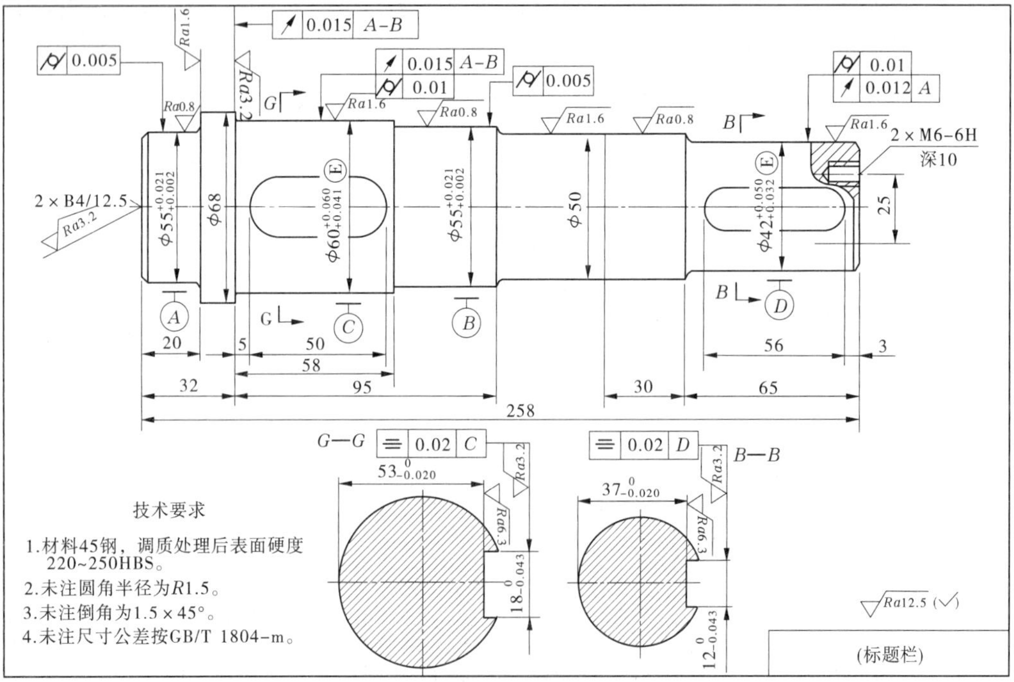

图 5-1　轴零件图

(1)对材料机械性能、化学成分的要求及允许的代用材料。

(2)对材料表面机械性能的要求,如热处理方法、热处理后的硬度、渗碳层深度及淬火深度等。

(3)对机械加工的要求,如与其他零件配合的要求、中心孔的要求(不保留中心孔等)。

(4)图上未注圆角、倒角的说明及其他一些特殊要求(如镀铬)等。

任务二　绘制齿轮零件

齿轮类零件包括圆柱齿轮、圆锥齿轮、蜗杆、蜗轮。这类零件图除有视图和技术要求外,还应有啮合特性表。

齿轮类零件图应按照国家的有关标准规定绘制无误,一般需一个或两个视图。主视图可将轴线水平布置,用剖视图表达孔、轮毂、轮辐和轮缘的细部结构。键槽的尺寸和形状,亦可用局部视图表达。齿轮轴和蜗杆轴的视图与轴类零件相似。图上的尺寸可按回转件的尺寸标注,径向尺寸以齿轮轴线为基准,以ϕ标注。轴向尺寸以端面为基准,按不同的要求分别标注。标注尺寸时应注意:齿轮类零件的分度圆虽然不能直接测量,但它是设计的基本尺寸,应标注在图上或写在啮合特性表中;齿根圆是按齿轮参数切齿后形成的,按规定在图上不标注;倒角、圆角和铸(锻)造斜度应逐一标注在图上或写在技术要求中;尺寸公差、形位公差、表面粗糙度应标注在视图上。

齿轮类零件图上的啮合特性表应安置在图纸的右上角。表中内容由两部分组成:第一部分是齿轮的基本参数和精度等级;第二部分是齿轮和传动检验项目及其偏差值或公差值。

齿轮类零件的主要技术要求有:

(1)对铸件、锻件或其他类型坯件的要求。

(2)对材料机械性能和化学成分的要求及允许代用的材料。

(3)材料、齿部热处理方法、热处理后的硬度要求。

(4)未注明的圆角半径、倒角的说明及锻造或铸造斜度要求等。

(5)对大型齿轮或高速齿轮的平衡试验要求等。

圆柱尺寸的尺寸公差、几何公差、表面粗糙度的选择参见教材《公差选用与零件测量》(王颖主编,高等教育出版社)。

齿轮零件图如图5-2所示。

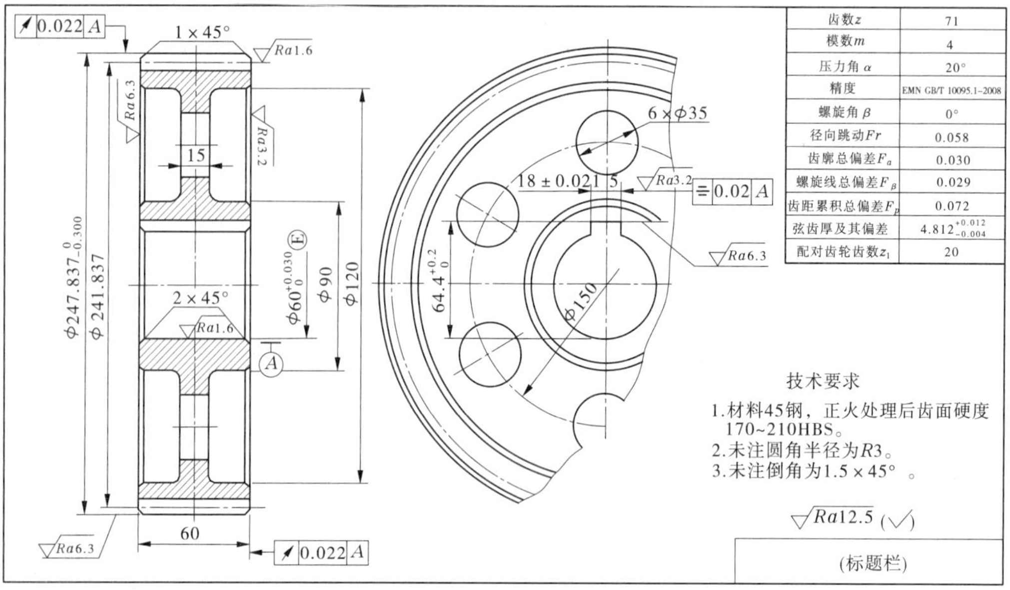

图 5-2　齿轮零件图

任务三　绘制铸造箱体零件图

一、视图

箱体(箱座及箱盖)的视图通常采用三个视图,即主视图、俯视图、左视图。根据结构的复杂程度可增加一些必要的局部视图、向视图及局部放大图,例如排油孔、油标孔、检查孔等细部结构。

二、标注尺寸

箱体零件形状复杂,尺寸繁多。标注尺寸时,既要考虑铸造、加工工艺、测量、检验的要求,又要做到尺寸多而不乱、不重复、无遗漏。为此,必须注意以下几点:

(1)形状尺寸应直接标出。这类尺寸有箱体的壁厚、长、高、宽,孔径及其深度,螺纹孔尺寸,凸缘尺寸,加强筋尺寸,槽宽及槽深,曲线的曲率半径等。

(2)定位尺寸和相对位置尺寸是确定箱体各部分相对于基准的位置尺寸。标注时最好选择加工基准面作为标注尺寸的基准,以利于加工和测量。如剖分式箱体的箱座和箱盖的高度方向的相对位置尺寸应以剖分面和底面为标注尺寸的基准。圆柱齿轮减速器的箱体,其轴承座孔中心线可作为沿箱体长度方向标注尺寸的基准。沿箱体宽度方向的基准面可以纵向对称中心线作为基准。

(3)直接标出影响机械工作性能的尺寸,确保加工的准确性。如箱体轴承孔的中心距及其偏差,嵌入式端盖结构的沟槽位置等。

三、标注尺寸公差、形位公差和表面粗糙度

箱体上应标注尺寸极限偏差的有轴承孔直径极限偏差、轴承孔中心距极限偏差、几何公差。其值的选择参见教材《公差选用与零件测量》(王颖主编,高等教育出版社)。几何公差表见表5-1,表面粗糙度数值见表5-2。

表5-1　箱体几何公差推荐项目及数值

内容	项目	符号	推荐精度等级(或公差值)	对工作性能的影响
形状公差	轴承座孔圆柱度	⌭	G级轴承选6~7级,公差值查询标准GB/T 1182—2008	影响机体与轴承的配合性能及对中性
	箱体剖分面的平面度	▱	7~8级,公差值查询标准GB/T 1182—2008	
位置公差	轴承座孔的中心线对其端面的垂直度	⊥	对G级轴承选7级,公差值查询标准GB/T 1182—2008	影响轴承固定及轴向受载的均匀性
	轴承座的中心线对箱体剖分面在垂直平面上的位置度	⌖	公差值≤0.3 mm	影响镗孔精度和轴系装配,影响传动件的传动平衡性及载荷分布的均匀性
	轴承座孔中心线相互间的平行度	//	以轴承支点跨距代替齿轮宽度,根据轴线平行度公差及齿轮公差数值查出	影响传动件的传动平稳性及载荷分布的均匀性
	圆锥齿轮减速器及蜗轮减速器的轴承孔中心线相互间的垂直度	⊥	根据齿轮和蜗轮精度确定	
	两轴承座孔中心线的同轴度	◎	7~8级,公差值查询标准GB/T 1182—2008	影响减速器的装配及传动零件的载荷分布均匀性

表 5-2　减速器箱体主要表面粗糙度值

加工表面	表面粗糙度(Ra)
减速器剖分面	3.2 ~ 1.6
与普通精度滚动轴承配合的孔表面	1.6(孔径≤80 mm),3.2(孔径 >80 mm)
轴承座外端面	6.3 ~ 3.2
减速器底面	12.5
油沟及窥视孔平面	12.5
螺栓孔及沉头座	12.5
圆锥销孔	3.2 ~ 1.6

四、编写技术要求

箱体零件的主要技术要求有:

(1)箱座与箱盖的轴承孔必须配镗。

(2)剖分面上的定位销孔应在镗轴承孔前配钻、配铰。

(3)铸造斜度、铸造圆角的说明。

(4)铸件的时效处理及清砂,自然时效不少于 6 个月。

(5)铸件不得有裂纹和超过规定的缩孔等缺陷。

(6)剖分面应无蜂窝状缩孔,每个缩孔深度不得大于 3 mm,直径不得大于 5 mm,其位置距外缘不得超过 15 mm,全部缩孔面积不得大于接合面面积的 5%。

(7)轴承孔端面的缺陷尺寸不大于加工表面的 5%,深度不大于 2 mm,位置应在轴承盖螺钉孔外面。

(8)内表面用煤油洗净并涂漆。

(9)箱座不得有渗漏现象。

以上技术要求可根据需要选列。

铸造箱体零件工作图示例见图 5-3、图 5-4。

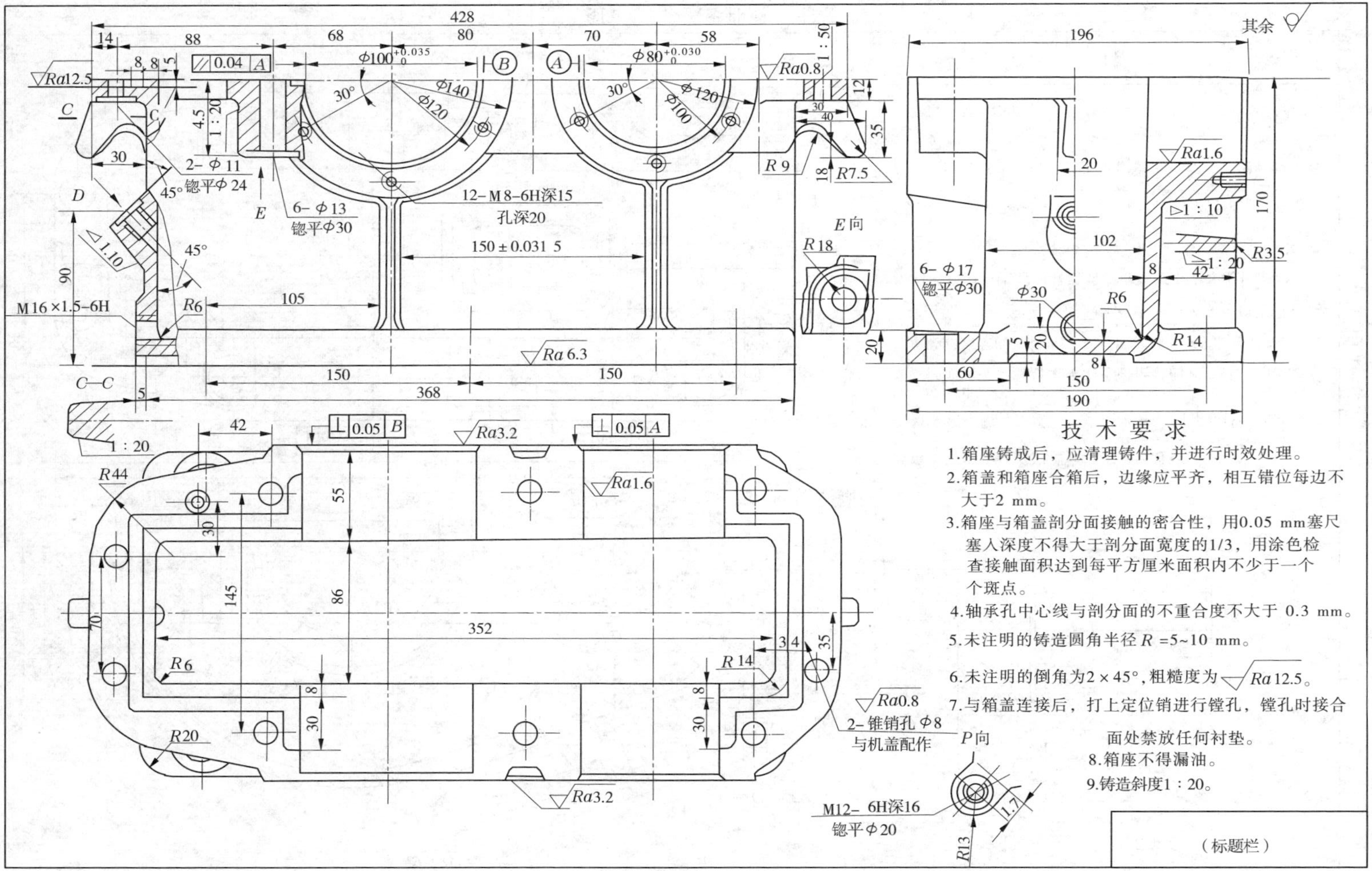

技术要求

1.箱座铸成后，应清理铸件，并进行时效处理。

2.箱盖和箱座合箱后，边缘应平齐，相互错位每边不大于2 mm。

3.箱座与箱盖剖分面接触的密合性，用0.05 mm塞尺塞入深度不得大于剖分面宽度的1/3，用涂色检查接触面积达到每平方厘米面积内不少于一个斑点。

4.轴承孔中心线与剖分面的不重合度不大于 0.3 mm。

5.未注明的铸造圆角半径 R =5~10 mm。

6.未注明的倒角为2×45°，粗糙度为 Ra 12.5。

7.与箱盖连接后，打上定位销进行镗孔，镗孔时接合面处禁放任何衬垫。

8.箱座不得漏油。

9.铸造斜度1 : 20。

图 5-3　箱座零件图

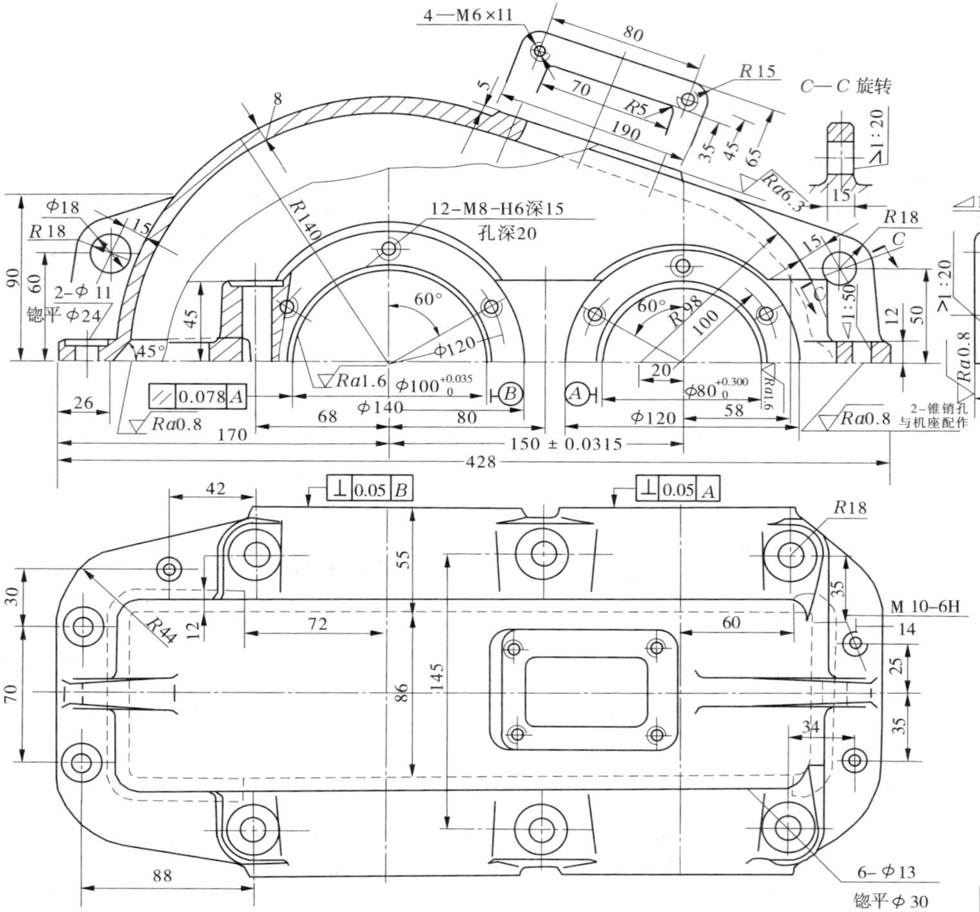

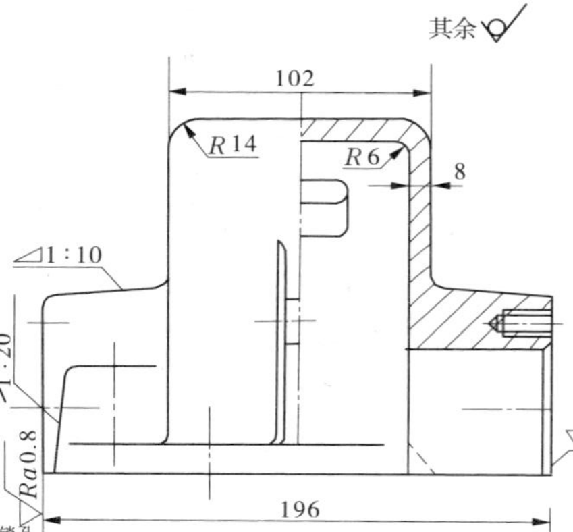

技 术 要 求

1.箱盖铸成后，应清理并进行时效处理。

2.箱盖和箱座合箱后，边缘应平齐，相互错位每边不大于 2 mm。

3.应仔细检查箱盖与箱座剖分面接触的密合性，用0.05 mm塞尺塞入深度不得大于剖分面的1/3。用涂色检查接触面积达到每平方厘米面积内不少于一个斑点。

4.轴承孔中心线与剖分面的不重合度不大于0.3 mm。

5.未注明的铸造圆角半径R=5~10 mm。

6.未注明的倒角为2×45°，粗糙度为▽Ra12.5 。

7.箱盖与箱座连接后，打上定位销进行镗孔，镗孔时接合面处禁放任何衬垫。

8.铸造斜度1:20。

(标题栏)

图 5-4　箱盖零件图

学习项目六　编制设计计算说明书

任务一　了解说明书的要求

设计计算说明书主要是阐明设计者思想、设计计算方法与计算数据的说明资料，是审查设计合理性的重要技术依据。为此，对设计说明书的要求如下：

(1)系统地说明设计过程中所考虑的问题及全部计算项目。阐明设计的合理性、经济性、装拆、润滑、密封等方面的有关问题。

(2)计算要正确完整、文字简洁通顺、书写整齐清晰。计算部分只须列出公式，代入数据，略去演算过程，直接得出结果。说明书中所引用的重要计算公式、数据，应注明来源(注出参考资料的统一编号、页次、公式号或表号等)。对所得结果，应有一个简要的结论。

(3)说明书应包括与计算有关的必要简图(如轴的受力分析、弯矩、扭矩、结构等图)。

(4)说明书须用16开的设计专用纸，按统一格式书写，如表6-1所示。说明书左栏写计算内容的标题、计算过程、说明的内容，右栏写出计算结果(数据)、结论。待完成全部编写后，标出页次，编好目录，装订成册。

表6-1　设计计算说明书的书写格式示例

	设计计算及说明	结果
装订线	……………… 六、轴的设计计算及校核 1. 轴的材料选择 选45钢，调质处理170～217HBS，$\sigma_b=600$ MPa …… 4. 轴的强度校核计算 …… 2)求轴上齿轮所受的力 圆周力 $F_{t_2}=2T_2/d_2=2\times472.77/0.356=2\ 656(\text{N})$ 径向力 $F_{r_2}=F_{t_2}\tan\alpha/\cos\beta=2\ 656\times\tan20°/\cos11°17'=985(\text{N})$ ……	调质处理：170～217HBS $\sigma_b=600$ MPa $F_{t_2}=2\ 656$ N $F_{r_2}=985$ N

任务二 了解说明书内容

设计计算说明书应包括如下内容，并建议按下列顺序编写：

(1)目录(标题、页次)。

(2)设计任务书(设计题目)。

(3)运动学与动力参数计算。

(4)传动零件设计计算(确定带传动、齿轮与蜗杆传动及链传动的主要参数)。

(5)轴的设计计算及校核(包括结构设计)。

(6)轴承的选择与校核。

(7)键及联轴器的选择与校核。

(8)箱体的设计(主要结构尺寸的设计计算及必要的说明)。

(9)润滑及密封的选择，润滑剂牌号及容量的计算说明。

(10)减速器附件及说明。

(11)设计小结(简要说明设计的体会，分析设计的优缺点及改进的意见等)。

(12)参考资料(资料的编号、资料名称、作者姓名、出版单位、出版日期)。

任务三 准备答辩

答辩是课程设计最后一个重要环节。通过答辩，可以系统地分析所作设计的优缺点，发现问题，总结初步掌握的设计方法和步骤，提高独立工作的能力。也可以使教师更全面、深层次地检查学生掌握设计知识、设计成果的情况，是评定设计成绩的重要依据。

答辩前，应认真整理和检查全部图样和说明书，进行系统、全面的回顾和总结。搞清设计中每一个数据、公式的使用，弄懂图样上的结构设计问题、每一线条的画图依据以及技术要求等其他问题。做好总结可以把还不懂或尚未考虑到的问题搞清、弄透，以取得更大的收获。总结以书面形式写在计算说明书的最后一页，以便老师查阅。

最后把图样叠好，说明书装订好，准备答辩。

下面列出一些答辩思考题供准备答辩时参考：

(1)叙述对传动方案的分析理解。

(2)简述电动机的功率是怎样确定的?

(3)选择电动机的同步转速应考虑哪些因素？同步转速与满载转速有什么不同？设计计算时用哪个转速?

(4)你在分配传动比时考虑了哪些因素？在带传动——单级齿轮传动系统中，为什么$i_{齿} > i_{带}$?

(5)在计算各轴功率时，通用减速器与专用减速器的计算方法有什么不同?

(6)带传动设计计算中，怎样合理确定小带轮直径？带速 $v < 5$ m/s 时怎么办？小带轮包角 $\alpha_1 < 120°$时怎么办?

(7)怎样确定斜齿轮及蜗杆蜗轮所受的轴向力方向?

(8)简述齿轮传动的设计方法和步骤。

(9)对于开式齿轮传动和闭式齿轮传动设计,其 z_1 的选择有什么不同? 为什么?

(10)一对啮合的齿轮,大小齿轮为什么常用不同的材料和热处理方法?

(11)由公式 $b = \varphi_d d$ 求出的 b 值应为哪个齿轮的宽度,b_1 与 b_2 哪个数值大些? 为什么?

(12)斜齿轮传动有什么优点? 螺旋角对传动有什么影响?

(13)软齿面齿轮传动和硬齿面齿轮传动各有什么特点?

(14)为什么蜗杆常用钢而蜗轮常用青铜?

(15)初步估算出的轴径应根据什么圆整?

(16)画出主动轴和从动轴的受力简图。

(17)轮毂宽度与轴头长度是否相同?

(18)外伸轴与轴承端盖间是否应该有间隙?

(19)在滚动轴承组合设计中,你采用了哪些固定方式? 为什么?

(20)在圆柱齿轮、圆锥齿轮及蜗杆传动中,为了达到正确的装配位置(圆柱齿轮全齿宽接触、圆锥齿轮共顶点、蜗杆轴线位于蜗轮主平面),你是如何从结构和尺寸上保证的?

(21)如何选择联轴器? 分析高速级和低速级常用联轴器有何不同?

(22)怎样选择轴承的润滑方式? 如何从结构上保证脂润滑和油润滑供应充分?

(23)箱座剖分面上的油沟怎样正确开设? 你设计的油沟是怎样加工的?

(24)怎样确定轴承座的宽度?

(25)设计的减速器选用何种润滑剂? 是什么牌号?

(26)怎样确定减速器的中心高? 箱体中的油量是怎样确定的?

(27)结合装配图说明轴的各段直径与长度是怎样确定的? 说明轴上零件的装拆顺序。

(28)挡油环与封油环的作用是什么? 分别在什么情况下使用?

(29)外伸轴与轴承盖、箱盖与箱座接合面各采用什么方法密封? 为什么?

(30)同一轴心线的两个轴承座孔直径为什么要尽量一致?

(31)箱体同侧轴承座端面为什么要尽量位于同一平面上?

(32)减速器中各附件的作用是什么?

(33)定位销与箱体的加工装配有什么关系? 如何布置定位销?

(34)轴承座旁联接螺栓为什么要尽量靠近?

(35)螺纹联接处的凸台或鱼眼坑有什么用途?

(36)普通螺栓联接和铰制孔螺栓联接各用在什么地方? 画图时有什么不一样?

(37)设计中为什么要严格执行国家标准、部颁标准?

(38)箱体的刚性对减速器的工作性能有什么影响? 你所设计的箱体如何考虑具有足够的刚性? 轴承孔处的壁厚、筋和联接螺栓的凸台对刚性有什么影响?

(39)齿轮在箱体内非对称布置时,为什么齿轮安装在远离轴输出端?

(40)如何确定放油塞的位置? 它为什么用细牙螺纹?

(41)箱体各表面是如何进行切削加工的? 什么条件下要求箱座和箱盖配成一体进

行加工?

(42)轴系各零件(包括轴承)如何定位和固定?

(43)轴承内外圈应采用的配合制是什么?为什么?

(44)箱体接合面轴承座宽度的确定与哪些因素有关?如何确定?

(45)装配图上应标注哪些尺寸?各主要零件间的配合如何选择?

(46)如何检查齿侧间隙和接触斑点?如不合格应采取什么措施?

(47)试述在轴的零件工作图中标注尺寸时应注意的问题。

(48)在轴的零件工作图中,对轴的几何公差有哪些基本要求?

(49)圆柱齿轮精度的检验项目常用的是哪几项?

(50)在圆柱齿轮的零件工作图中,对圆柱齿轮形位公差有哪些基本要求?

(51)设计中运用了哪些先修课知识?

学习项目七　参考图例

本项目编入了课程设计中常用的参考图例,包括了装配图和零件工作图。根据课程设计题目的设计范围,选取有关参考图例,它是以典型结构为主,并考虑到结构形式的多样和新颖。

为了利于读者独立分析和思考问题,除编入完整的装配图以作示范外,其余的装配图只能表示以结构特点为目的,并作简单的说明,此种图形为结构图。

图 7-1 ~ 图 7-9 为一级圆柱齿轮减速器的装配图及其主要的零件工作图。装配图的内容是完整的,包括了视图、尺寸、公差配合、技术特性、技术要求、零件明细表及标题栏。标题栏格式的内容空出,以便读者自定。这样的装配图可起到示范作用。零件工作图是按实际生产制造要求绘制的。在装配图内还附加"说明",这些内容不属于该图制图规定的要求,在设计图中不必写出。图 7-7 ~ 图 7-9 在箱体结构上或轴承组合设计等处各有特点,供学生在设计时参考,选用部分结构。

图 7-10 ~ 图 7-14 是各种结构形式的二级圆柱齿轮减速器。

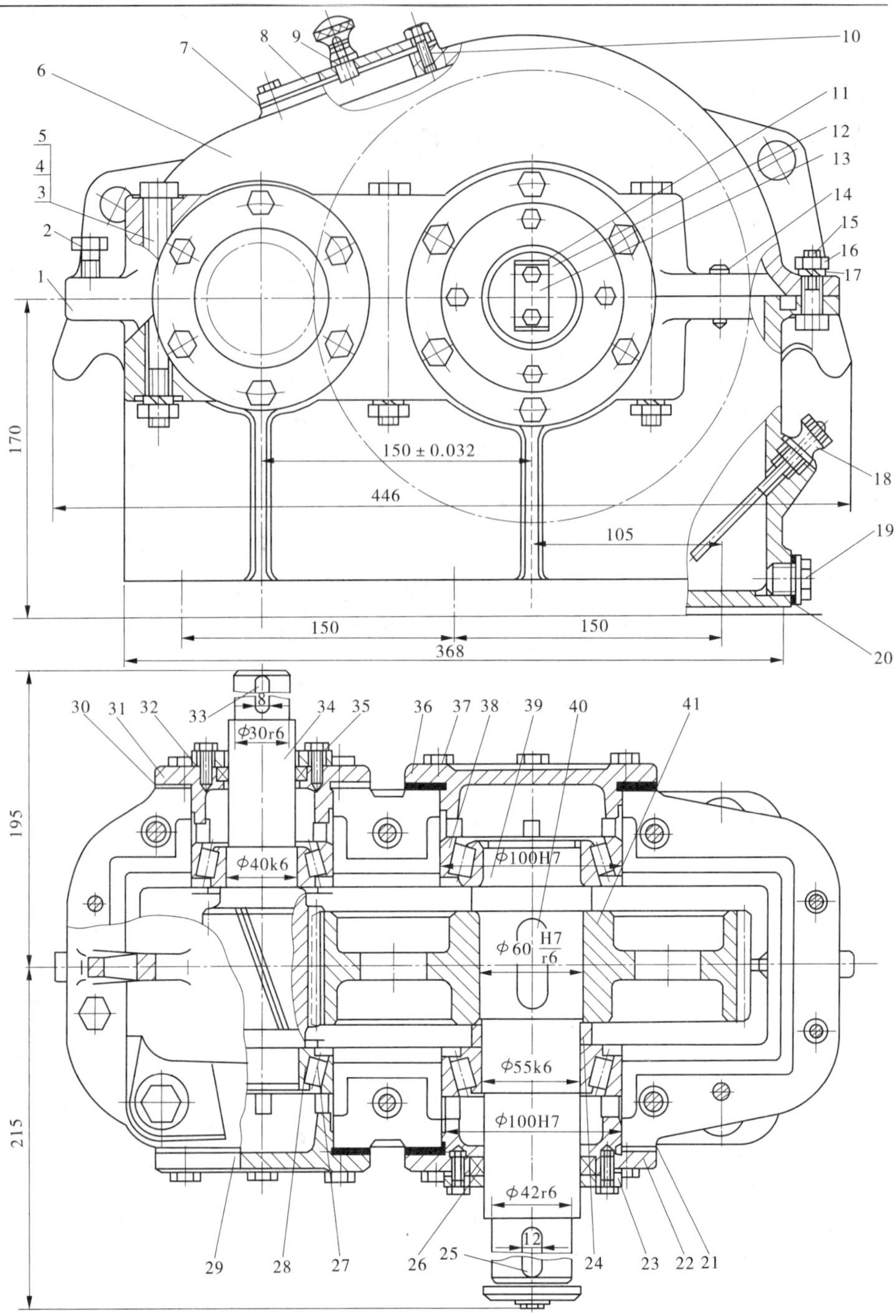

说明:箱座侧壁有斜度，底面小，可减轻箱体重量。箱座剖分面有油槽，以防漏油。采用嵌入式轴承盖，O形圈密封，结构简单，轴向尺寸小,用垫片调整轴承间隙时，需拆卸轴承盖和箱盖，使用不方便，齿轮毛坯采用模锻，适用于成批生产。

图 7-1　一级圆柱齿轮减速器

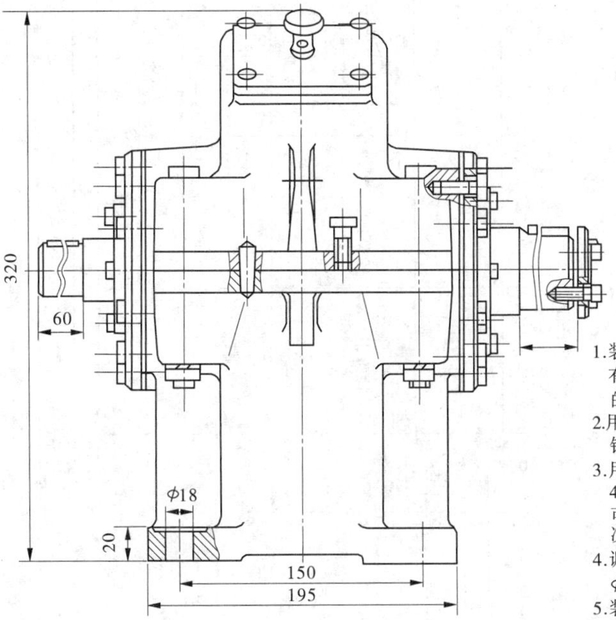

技术要求

1.装配前,全部零件用煤油清洗,箱体内不许有杂物存在。在内壁涂两次不被机油侵蚀的涂料。
2.用铅丝检验啮合侧隙,其侧隙不小于0.16 mm,铅丝直径不得大于最小侧隙的4倍。
3.用涂色法检验斑点。齿高接触斑点不少于40%;齿长接触斑点不少于50%。必要时可采用研磨或刮后研磨，以便改善接触情况。
4.调整轴承时所留轴向间隙如下：
ϕ40为0.05~0.1 mm,ϕ55为0.08~0.15 mm。
5.装配时,剖分面不允许使用任何填料,可涂以密封油漆或水玻璃。试转时应检查剖分面、各接触面及密封处，均不准漏油。
6.箱座内装L-CKB46号工业齿轮油至规定高度。
7.表面涂灰色油漆。

技术参数表

功率	4.5 kW	高速轴转速	480 r/min	传动比	4.16

序号	名称	数量	材料	标准	备注
41	大齿轮	1	45		
40	键18×50	1	Q275A	GB/T 1096—2003	
39	轴	1	45		
38	轴承30311E	2		GB/T 297-1994	
37	螺栓M8×25	24	Q235A	GB/T 5782—2000	
36	轴承端盖	1	HT200		
35	J形油封35×60×12	1	耐油橡胶	HG4—338—1996	
34	齿轮轴	1	45		
33	键8×50	1	Q275A	GB/T 1096—2003	
32	密封盖板	1	Q235A		
31	轴承端盖	1	HT200		
30	调整垫片	2	成组		
29	轴承端盖	1	HT200		
28	轴承30308E	2		GB/T 297—1994	
27	挡油环	2	Q215A		
26	J形油封50×72×12	1	耐油橡胶	HG4—338—1966	
25	键12×56	1	Q275A	GB/T 1096—2003	
24	定距环	1	Q235A		
23	密封盖板	1	Q235A		
22	轴承端盖	1	HT200		
21	调整垫片	2组	08F		
20	油圈25×18	1	工业用革		

序号	名称	数量	材料	标准	备注
19	六角螺塞M18×1.5	1	Q235A	参考	
18	油标	1	Q235A		
17	垫圈10	2	65Mn	GB/T 93—1987	
16	螺母M10	2	Q235A	GB/T 41—2000	
15	螺栓M10×35	4	Q235A	GB/T 5782—2000	
14	销A8×30	2	35	GB/T 117—2000	
13	防松垫片	1	Q215A		
12	轴端挡圈	1	Q235A		
11	螺栓M6×25	2	Q235A	GB/T 5782—2000	
10	螺栓M6×20	4	Q235A	GB/T 5782—2000	
9	通气器	1	Q235A		
8	窥视孔盖	1	Q215A		
7	垫片	1	石棉橡胶纸		
6	箱盖	1	HT200		
5	垫圈12	6	65Mn	GB/T 93—1987	
4	螺母M12	6	Q235A	GB/T 41—2000	
3	螺栓M12×100	6	Q235A	GB/T 5782—2000	
2	起盖螺钉M10×30	1	Q235A	GB/T 5780—2000	
1	箱座	1	HT200		

(标题栏)

(凸缘式端盖)

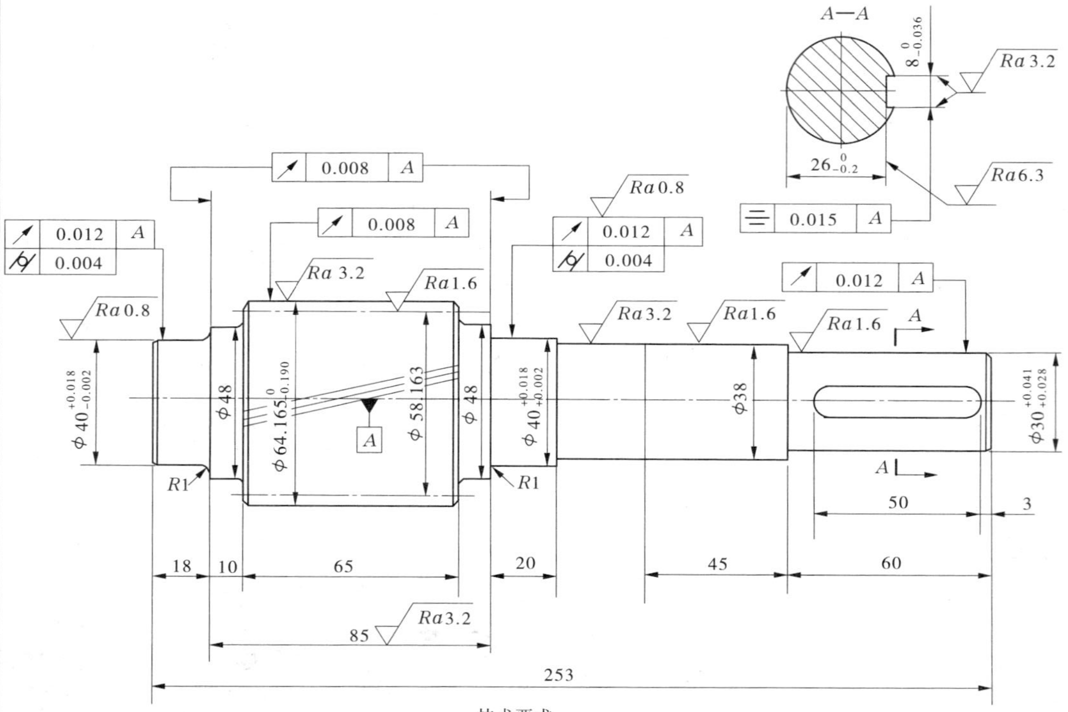

技术要求

1. 调质处理表面硬度为220~250HBS。
2. 两端中心孔B3.15/10表面粗糙度为Ra 3.2。
3. 其余圆角半径为$R2$。
4. 全部倒角为$C1.5$。
5. 未注尺寸公差按IT12。

$\sqrt{Ra\ 12.5}$ ($\sqrt{}$)

法向模数	m_n	3
齿数	z	19
压力角	α	20°
齿顶高系数	h_a^*	1
螺旋角	β	11°28′42″
螺旋方向	左旋	
径向变位系数	x	0
齿厚	$4.712_{-0.140}^{-0.084}$	
精度等级	7GB/T 10095.1—2008	
齿轮副中心距及其极限偏差	$a \pm f_a$	150 ± 0.032
配对齿轮	图号	图7-3
	齿数	79
检验组	检验项目代号	公差(或极限偏差)值
1.	F_r	0.030
	F_p	0.038
	f_{pt}	±0.012
	F_α	0.016
	F_β	0.020

(标题栏)

图 7-2　齿轮轴

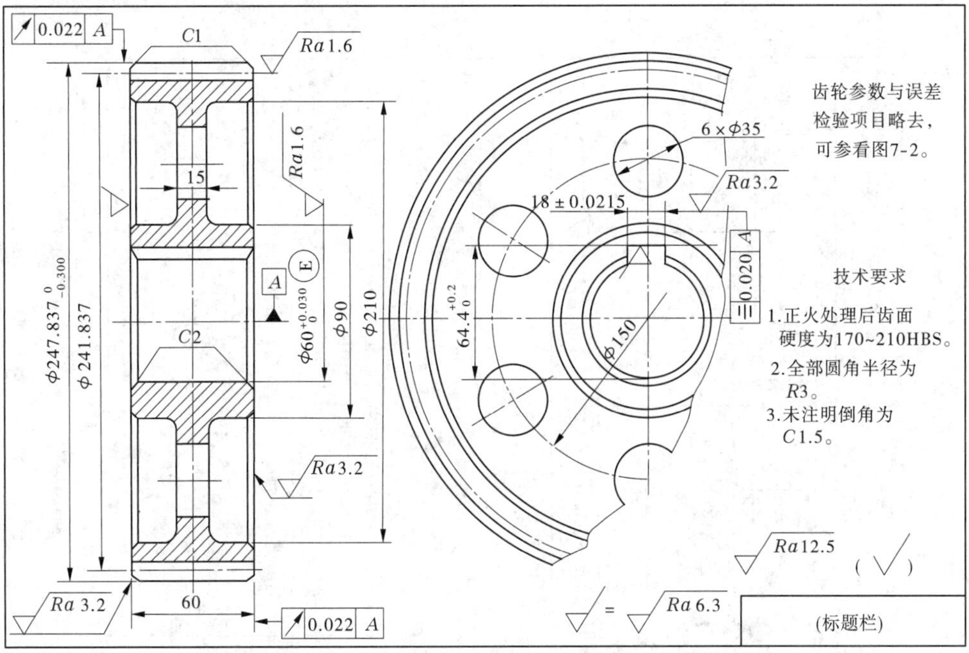

图7-3　直齿圆柱齿轮

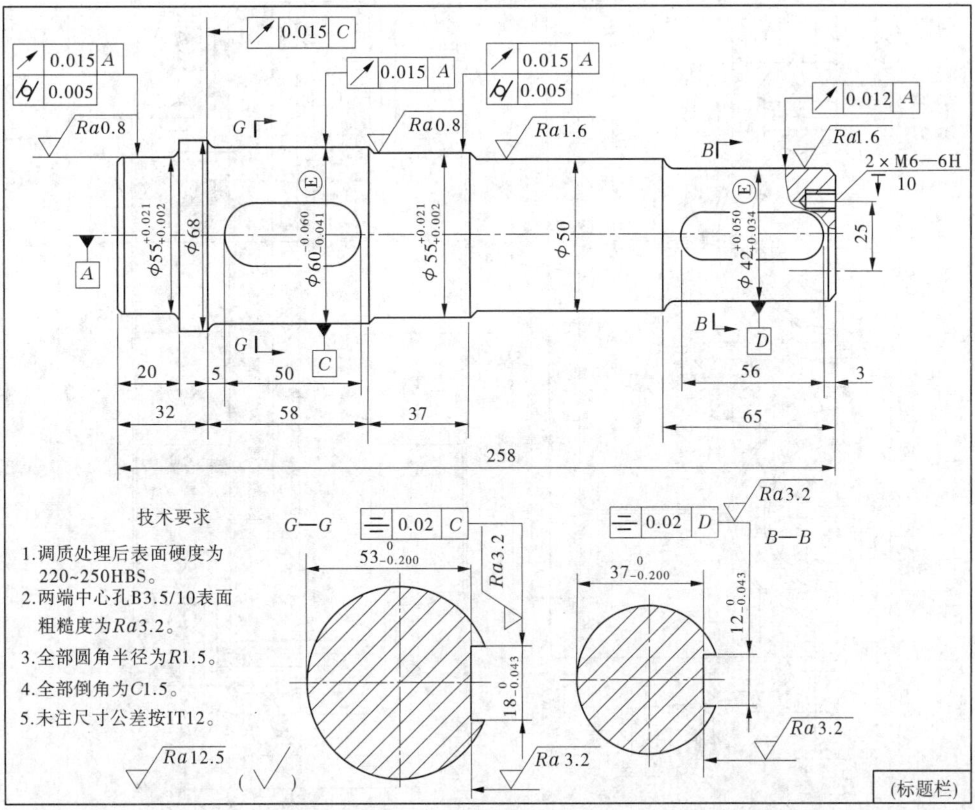

图7-4　轴

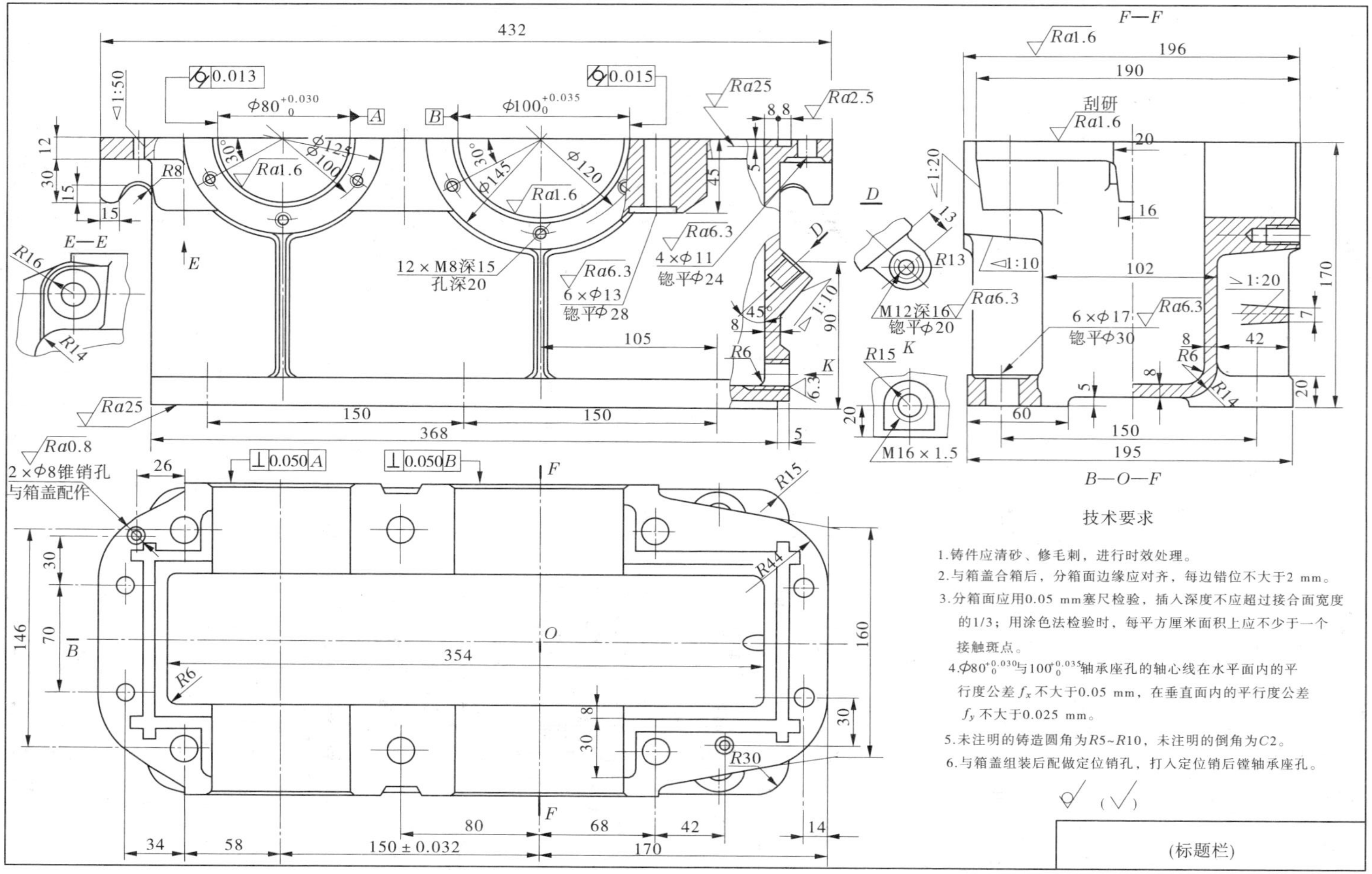
F—F
B—O—F
E—E
432
368
150
150
105
12 × M8深15
孔深20
6 × Φ13
锪平Φ28
4 × Φ11
锪平Φ24
M12深16
锪平Φ20
M16 × 1.5
6 × Φ17
锪平Φ30
2 × Φ8锥销孔
与箱盖配作
刮研
Φ80 +0.030 0
Φ100 +0.035 0
150 ± 0.032
技术要求
1.铸件应清砂、修毛刺，进行时效处理。
2.与箱盖合箱后，分箱面边缘应对齐，每边错位不大于2 mm。
3.分箱面应用0.05 mm塞尺检验，插入深度不应超过接合面宽度的1/3；用涂色法检验时，每平方厘米面积上应不少于一个接触斑点。
4.Φ80 +0.030 0 与100 +0.035 0 轴承座孔的轴心线在水平面内的平行度公差 fx 不大于0.05 mm，在垂直面内的平行度公差 fy 不大于0.025 mm。
5.未注明的铸造圆角为R5~R10，未注明的倒角为C2。
6.与箱盖组装后配做定位销孔，打入定位销后镗轴承座孔。
(标题栏)

图 7-5　箱座

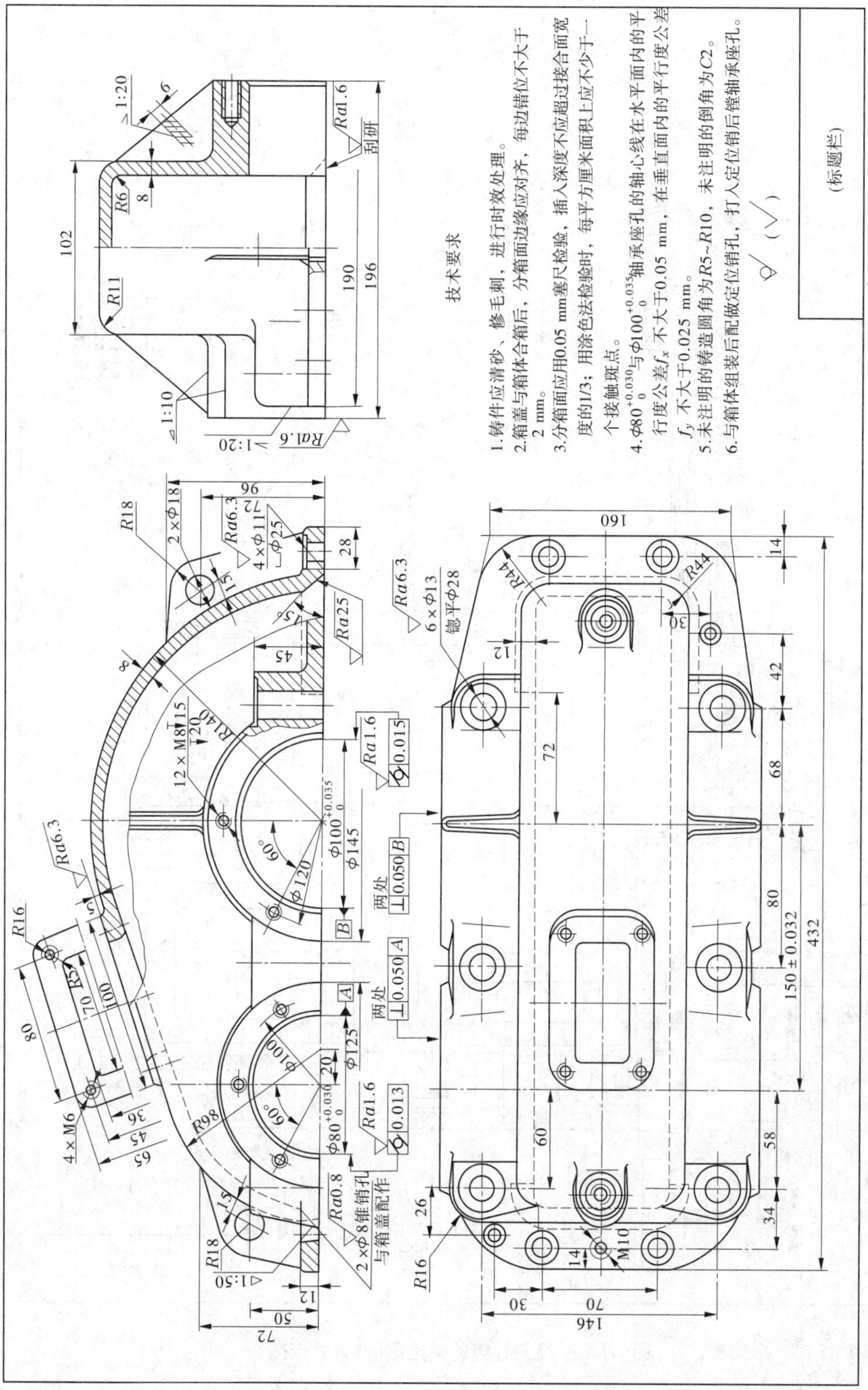
技术要求
1.铸件应清砂、修毛刺，进行时效处理。
2.箱盖与箱体合箱后，分箱面边缘应对齐，每边错位不大于2 mm。
3.分箱面应用0.05 mm塞尺检验，插入深度不应超过接合面宽度的1/3；用涂色法检验时，每平方厘米面积上应不少于一个接触斑点。
4.$\phi 80^{+0.030}_{0}$与$\phi 100^{+0.035}_{0}$轴承座孔的轴心线在水平面内的平行度公差f_x不大于0.05 mm，在垂直面内的平行度公差f_y不大于0.025 mm。
5.未注明的铸造圆角为R5~R10，未注明的倒角为C2。
6.与箱体组装后配做定位销孔，打入定位销后镗轴承座孔。
(标题栏)

图7-6　箱盖

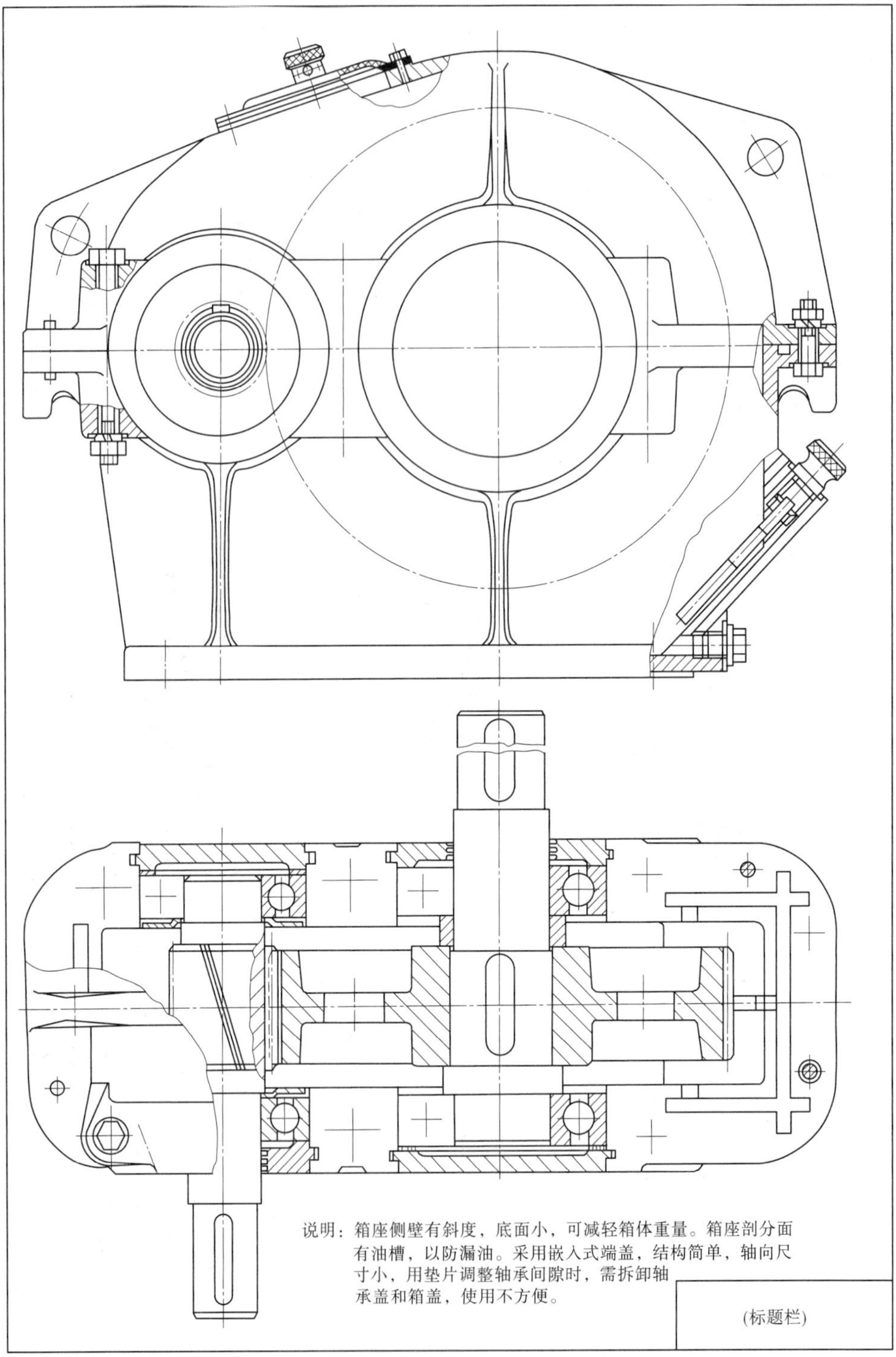

图 7-7　一级圆柱齿轮减速器(嵌入式端盖)

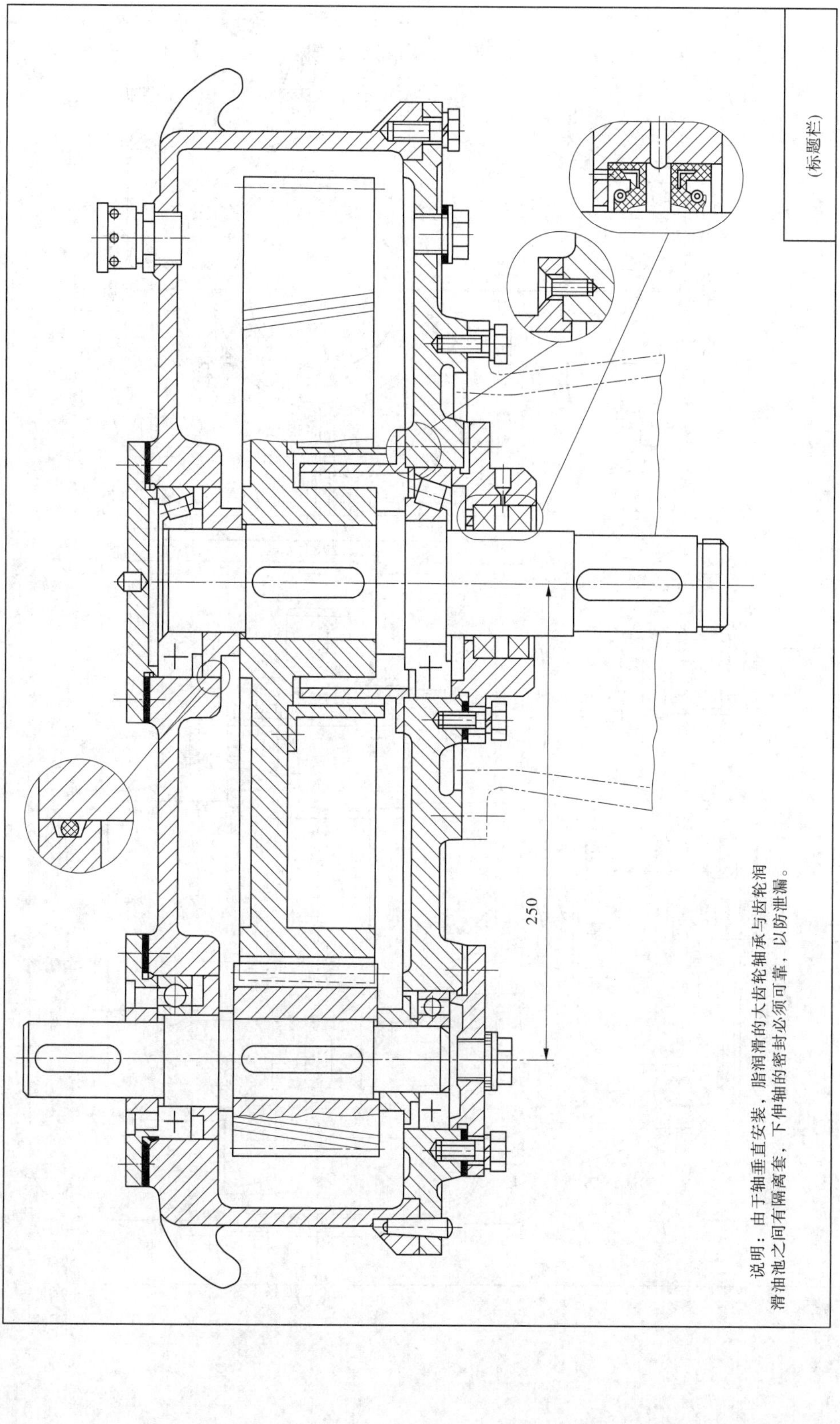

图 7-8　立轴圆柱齿轮减速器

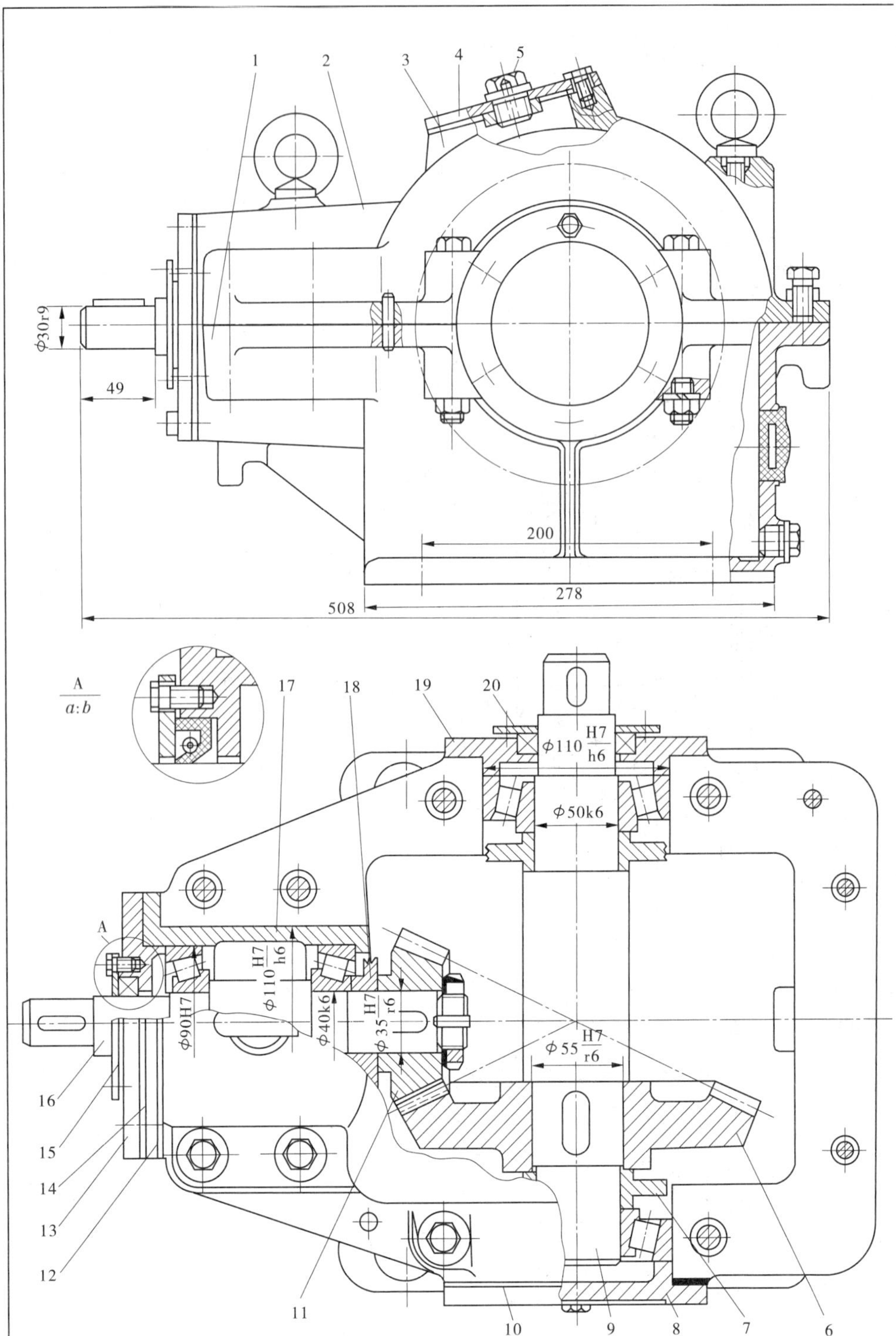
1
2
3
4
5
Φ30r9
49
200
278
508
A
a:b
17
18
19
20
Φ110 H7/h6
Φ50k6
A
Φ110 H7/h6
Φ90H7
Φ40k6
Φ35 H7/r6
Φ55 H7/r6
16
15
14
13
12
11
10
9
8
7
6

图 7-9　一级圆锥齿

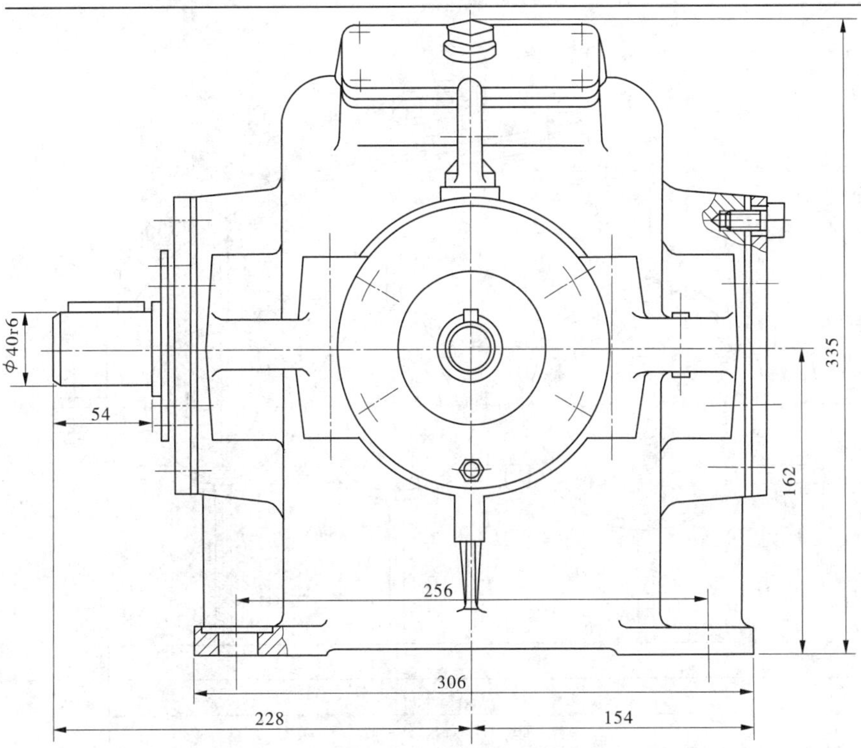

技术参数表

1.功率4.5 kW;2.高速轴转速:420 r/min;3.传动比:2:1

技术要求

1.装配前，所有零件进行清洗，箱体内壁涂耐油油漆。

2.啮合侧隙的大小用铅丝来检验，保证侧隙不小于0.17 mm，所用铅丝直径不得大于最小侧隙的2倍。

3.用涂色法检验齿面接触斑点，齿高和齿长接触斑点都不少于50%。

4.调整轴承轴向间隙，高速轴为0.04~0.07 mm，低速轴为0.05~0.1 mm。

5.减速器剖分面、各接触面及密封处均不许漏油，剖分面允许涂密封胶或水玻璃。

6.减速器内装50号工业齿轮油至规定高度。

7.减速器表面涂灰色油漆。

序号	名称	数量	材料	备注
20	密封盖	1	Q215A	
19	轴承端盖	1	HT150	
18	挡油环	1	Q235A	
17	套环	1	HT150	
16	轴	1	45	
15	密封盖板	1	Q215A	
14	调整垫片	1组	08F	
13	轴承端盖	1	HT150	
12	调整垫片	1组	08F	
11	小锥齿轮	1	45	$m=5,z=21$
10	调整垫片	2组	08F	
9	轴	1	45	
8	轴承端盖	1	HT150	
7	挡油环	2	Q235A	
6	大锥齿轮	1	40	$m=5,z=42$
5	通气器	1	Q235A	
4	窥视孔盖	1	Q235A	组件
3	垫片	1	压纸板	
2	箱盖	1	HT150	
1	箱座	1	HT150	

(标题栏)

轮减速器

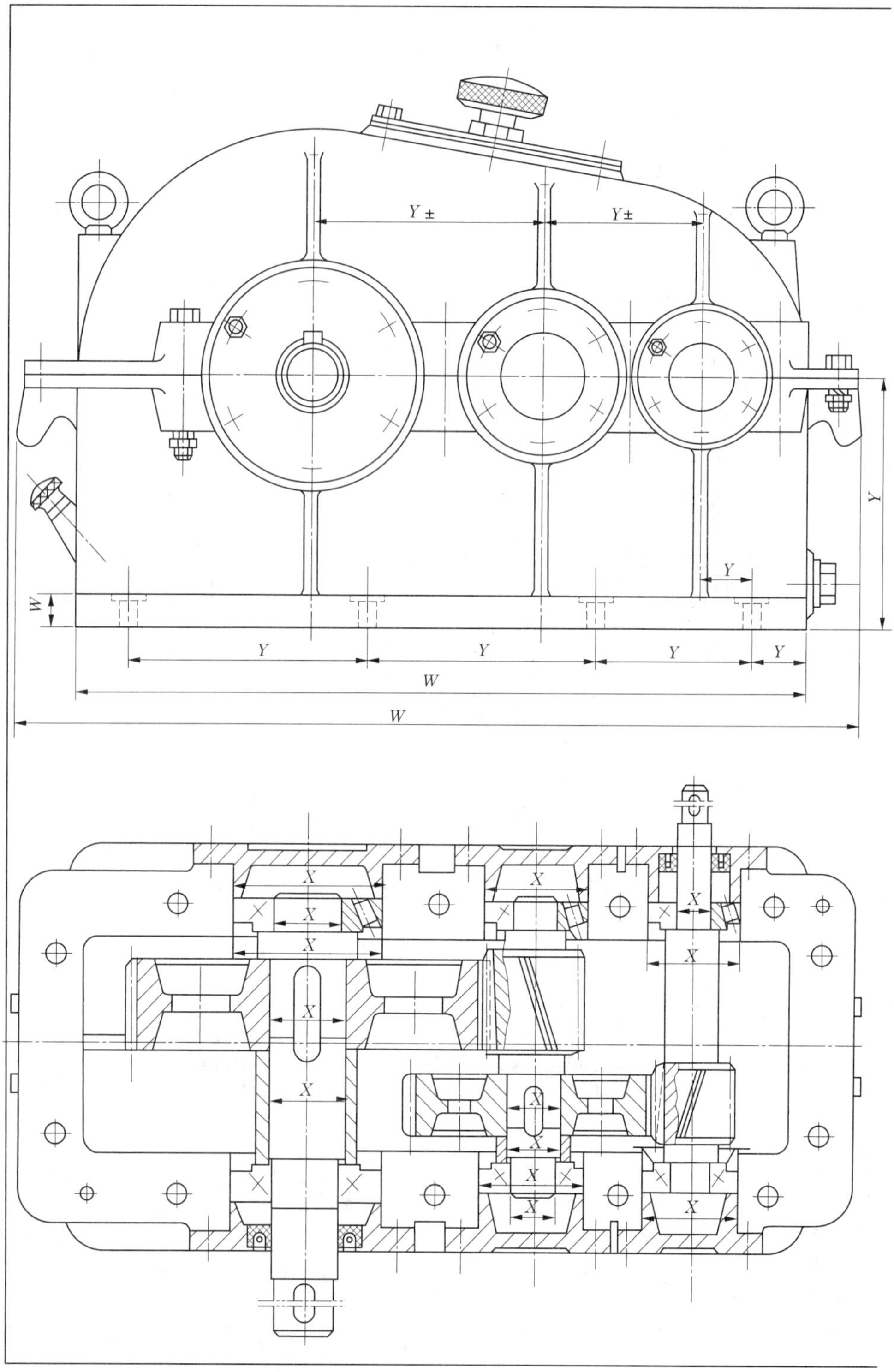

图 7-10　二级圆柱齿

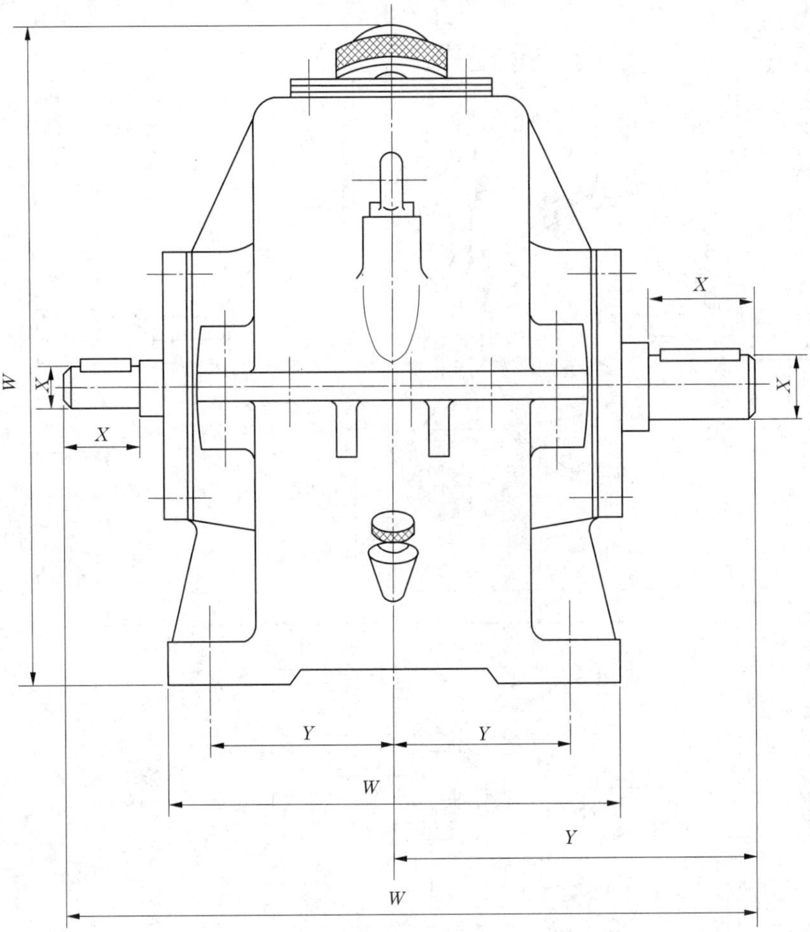

说明:齿轮传动用油润滑，滚动轴承用脂润滑。为避免油池中稀油溅入轴承座，在齿轮与轴承之间放置挡油环。输入轴和输出轴处用毡圈密封，在毡圈外装有压紧盖，以延长密封圈使用寿命和便于更换。

(标题栏)

轮减速器(展开式)

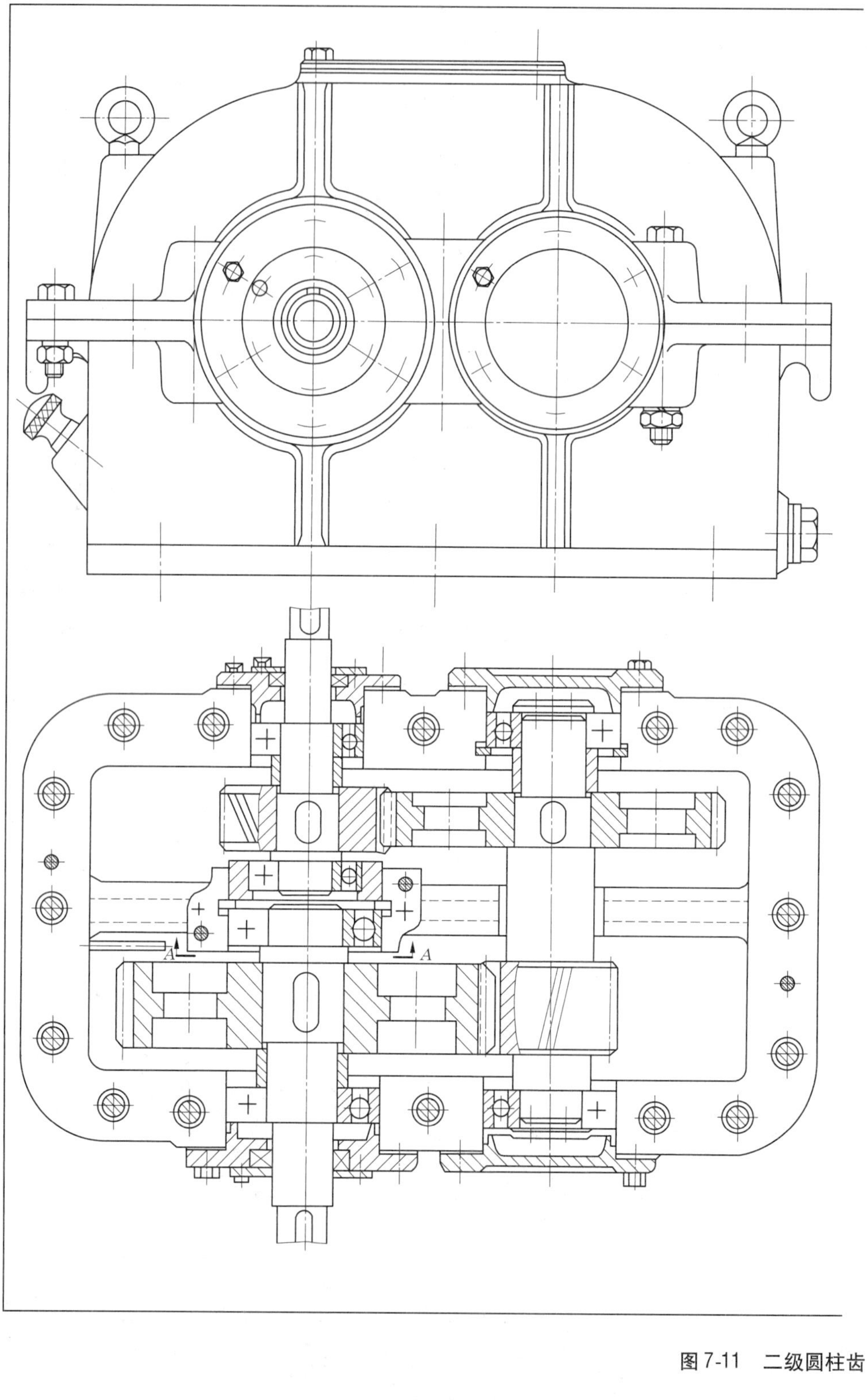

图 7-11　二级圆柱齿

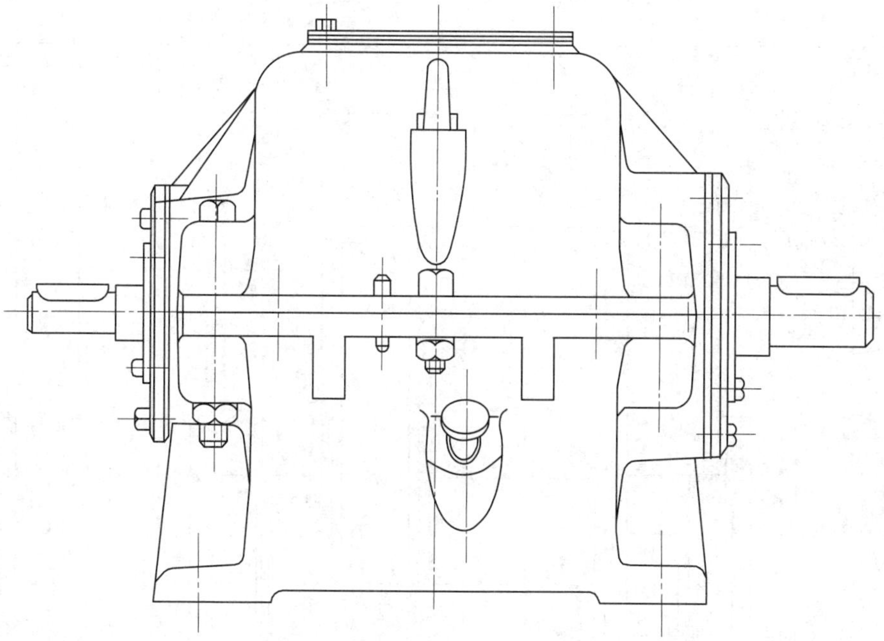

A—A

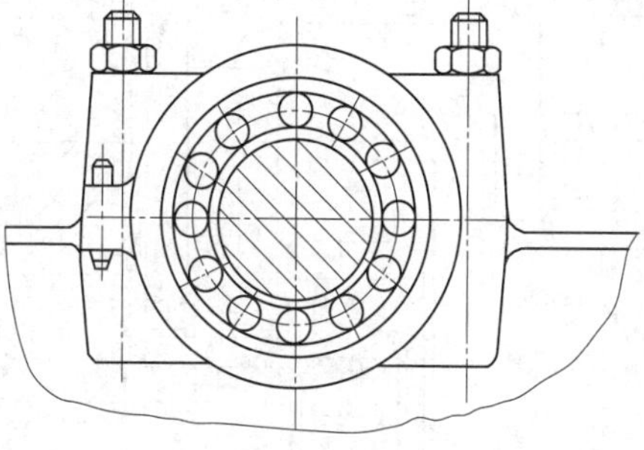

中间支承结构方案

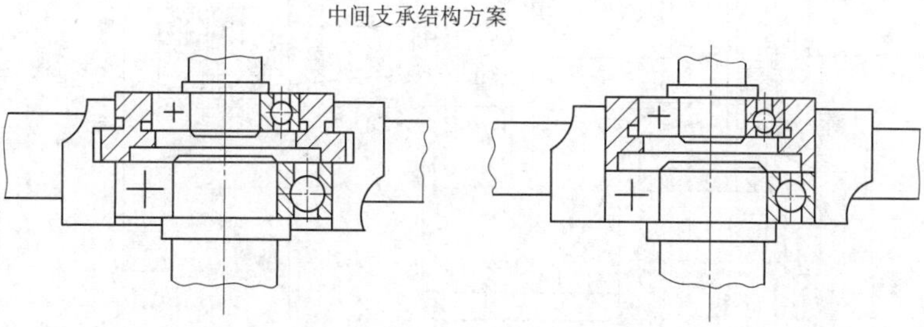

(a)　　　　(b)

说明:减速器长度方向尺寸较小，但轴向尺寸较大，中间轴较长，轴刚度较差，两级大齿轮直径接近，有利于浸油润滑。输入轴、输出轴的轴线要保持重合，孔加工的同轴度精度就较高。

(标题栏)

轮减速器(同轴式)

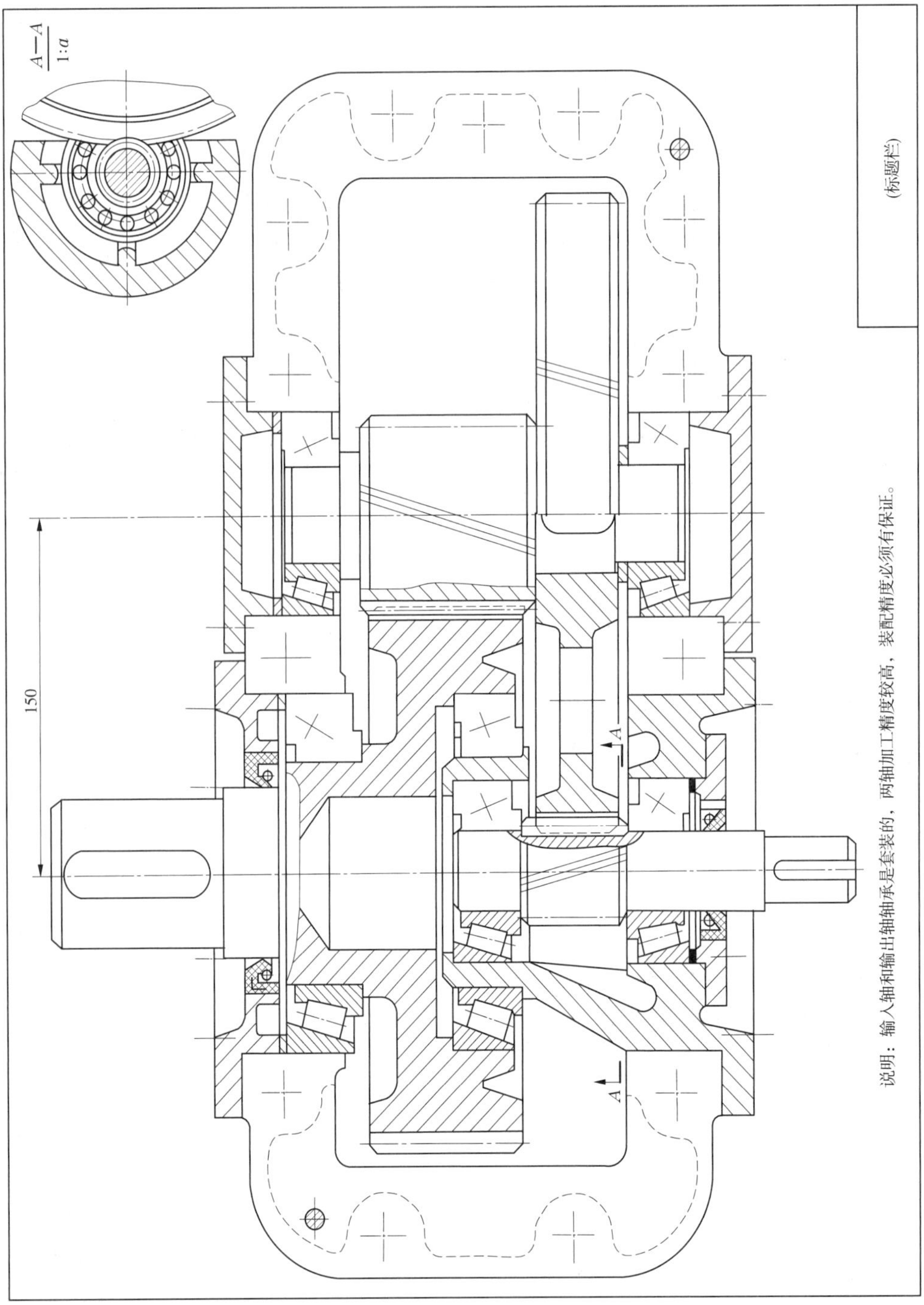

说明：输入轴和输出轴轴承是套装的，两轴加工精度较高，装配精度必须有保证。

图 7-12　二级圆柱齿轮减速器(同轴式套装轴承)

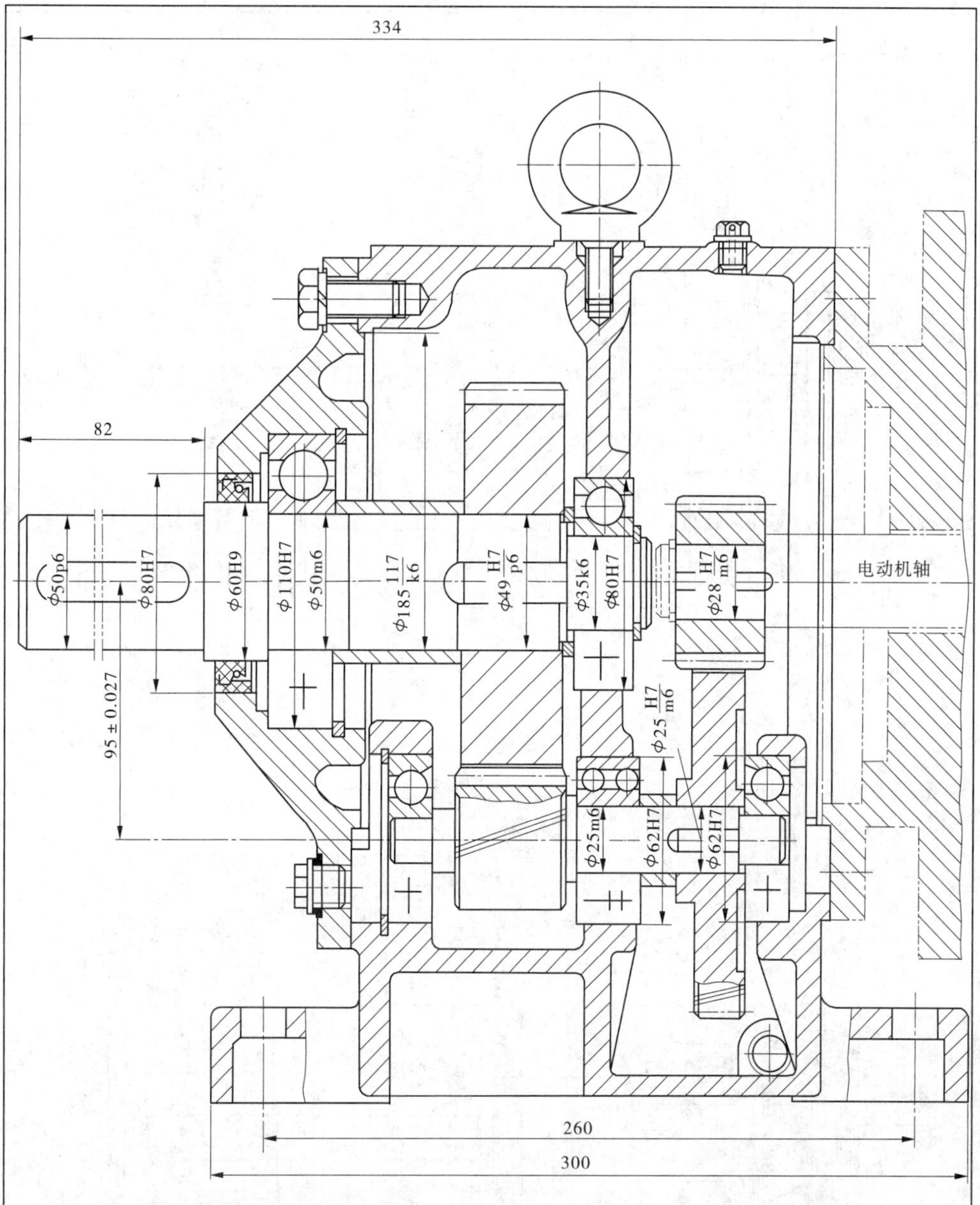

说明:电动机安装在减速器箱体上，其输出轴直接与高速级小齿轮相连。比图7-12所示减速器的轴向尺寸更紧凑。

箱体是铸造的，采用大端盖结构，结构简单、重量轻。中间轴是三支点，中间支承采用调心轴承，以便适应轴的变形。中间轴的三个轴承座都在箱座上，便于镗孔，保证同心度。中间轴上的大齿轮与轴配合不宜过紧。

(标题栏)

图7-13　二级圆柱齿轮减速器(电动机减速器)

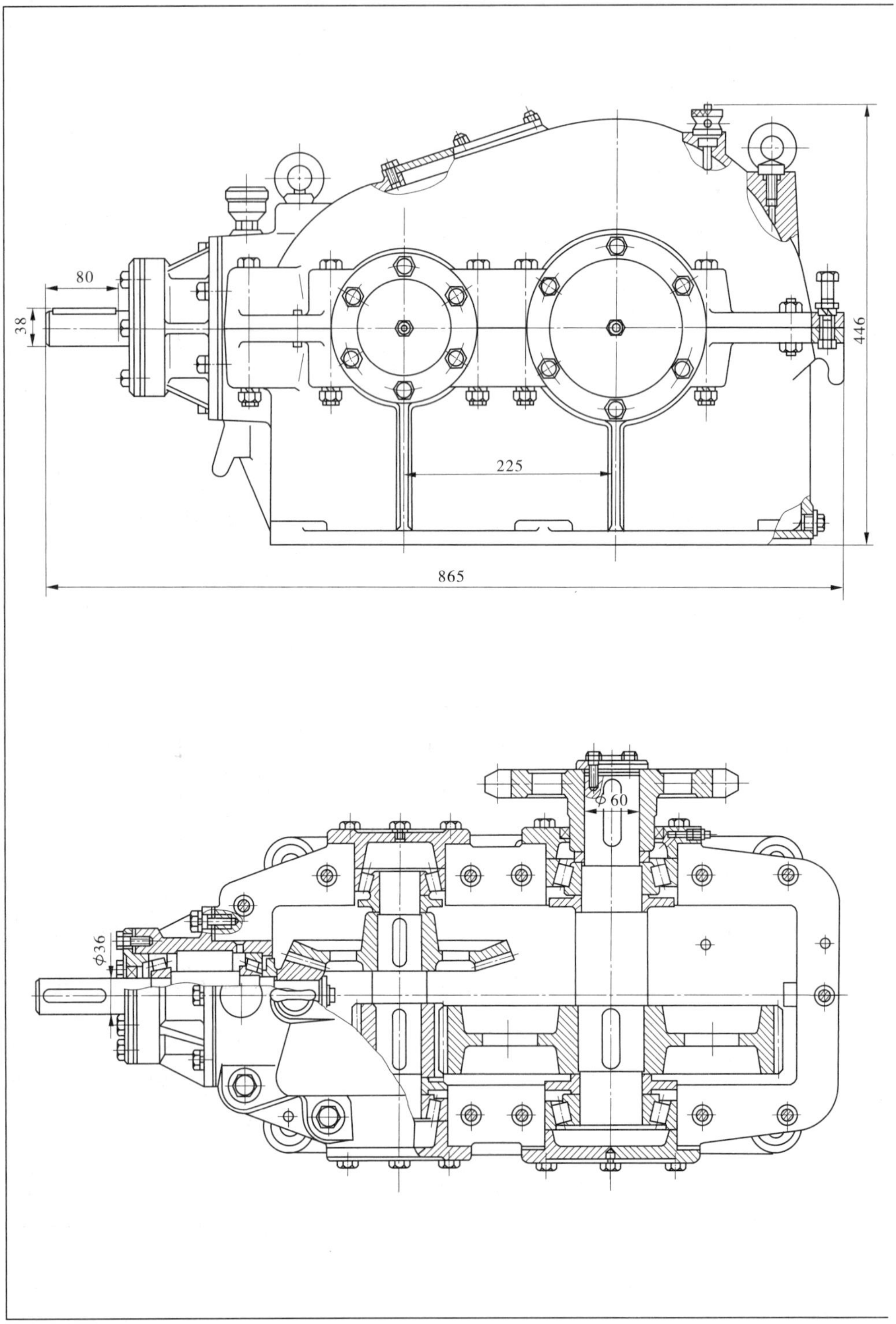

图 7-14　二级圆锥一

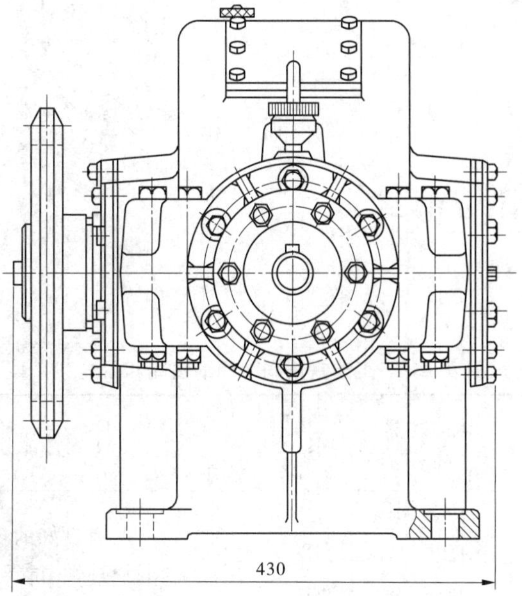

(标题栏)

圆柱齿轮减速器

附　录

附录 A　润滑与密封

一、润滑剂

附表 A-1　工业常用润滑油的性能和用途

类别	品种代号	牌号	运动黏度①(mm^2/s)	闪点(℃,不低于)	倾点(℃,不高于)	主要性能和用途	说明
工业闭式齿轮油(GB/T 5903—1995)	L-CKB抗氧防锈工业齿轮油	46	41.4~50.6	180	-8	具有良好的抗氧化性、抗腐蚀性、抗浮化性等性能,适用于齿面应力在500 MPa以下的一般工业闭式齿轮传动的润滑	L-润滑剂类
		68	61.2~74.8				
		100	90~110				
		150	135~165	200			
		220	198~242				
		320	288~352				
	L-CKC中载荷工业齿轮油	68	61.2~74.8	180	-8	具有良好的抗压抗磨性和热氧化安定性,适用于冶金、矿山、机械、水泥等工业的中载荷(500~1 100 MPa)闭式齿轮的润滑	
		100	90~110				
		150	135~165	200			
		220	198~242				
		320	288~352				
		460	414~506				
		680	612~748		-5		
	L-CKD重载荷工业齿轮油	100	90~100	180	-8	具有更好的抗压抗磨性、抗氧化性,适用于矿山、冶金、机械、化工等行业的重载荷齿轮传动装置	
		150	135~165	200			
		220	198~242				
		320	288~352				
		460	414~506				
		680	612~748		-5		
主轴油	主轴油(SH0017-90)	N2	2.0~2.4	60	凝点不高于-15	主要适用于精密机床主轴轴承的润滑及其他以油浴、压力、油雾润滑为润滑方式的滑动轴承和滚动轴承的润滑。N10可作为普通轴承用油和缝纫机用油	SH为石化部标准代号
		N3	2.9~3.5	70			
		N5	4.2~5.1	80			
		N7	6.2~7.5	90			
		N10	9.0~11.0	100			
		N15	13.5~16.5	110			
		N22	19.8~24.2	120			

续附表 A-1

类别	品种代号	牌号	运动黏度①（mm^2/s）	闪点（℃，不低于）	倾点（℃，不高于）	主要性能和用途	说明
全损耗系统用油（GB/T 443—1989）	L－AN全损耗系统用油	5	4.14～5.06	80	－5	不加或加少量添加剂，质量不高，适用于一次性润滑和某些要求较低、换油周期较短的油浴式润滑	全损耗系统用油包括L－AN全损耗系统油（原机械油）和主轴油（铁路机车主轴油）
		7	6.12～7.48	110			
		10	9.00～11.00	130			
		15	13.5～16.5	150			
		22	19.8～24.2				
		32	28.8～35.2				
		46	41.4～50.6				
		68	61.2～74.8	160			
		100	90.0～110	180			
		150	135～165				

注："①"栏内的值是在40 ℃的条件下测得的。

附表 A-2 常用润滑脂的主要性质和用途

名称	代号	滴点（℃，不低于）	工作锥入度（25 ℃，150 g）1/10 mm	主要用途
钙基润滑脂（GB/T 491—2008）	1号	80	310～340	有耐水性能。用于工作温度低于55～60 ℃的各种工农业、交通运输机械设备的轴承润滑，特别是有水或潮湿处
	2号	85	265～295	
	3号	90	220～250	
	4号	95	175～205	
钠基润滑脂（GB/T 492—1989）	L－XACMGA2	160	265～295	不耐水（或潮湿）。用于工作温度在－10～110 ℃的一般中负荷机械设备轴承润滑
	L－XACMGA3		220～250	
通用锂基润滑脂（GB/T 7324—1994）	ZL－1	170	310～340	有良好的耐水性和耐热性。适用于温度在－20～120 ℃各种机械的滚动轴承、滑动轴承及其他摩擦部位的润滑
	ZL－2	175	265～295	
	ZL－3	180	220～250	
钙钠基润滑脂（SH/T 0368—1992）	ZGN－2	120	250～290	用于工作温度在80～100 ℃、有水分或较潮湿环境中工作的机械润滑，多用于铁路机车、列车、小电动机、发电机滚动轴承（温度较高者）的润滑。不适于低温工作
	ZGN－3	135	200～240	

续附表 A-2

名称	代号	滴点（℃，不低于）	工作锥入度（25 ℃，150 g）1/10 mm	主要用途
石墨钙基润滑脂（ZBE 36002—88）	ZG－S	80	—	人字齿轮，起重机、挖掘机的底盘齿轮，矿山机械、绞车钢丝绳等高负荷、高压力、低速度的粗糙机械润滑及一般开式齿轮润滑。能耐潮湿
滚珠轴承脂（SY 1514—82）（1988年确认继续执行）	ZGN69－2	120	250～290（－40 ℃时为30）	用于机车、汽车、电机及其他机械的滚动轴承润滑
7407 号齿轮润滑脂（SY 4036—84）		160	75～90	适用于各种低速、中、重载荷齿轮、链和联轴器等的润滑，使用温度≤120 ℃，可承受冲击载荷
高温润滑脂（GB/T 11124—1989）	7014－1 号	280	62～75	适用于高温下各种滚动轴承的润滑，也可用于一般滑动轴承和齿轮的润滑。使用温度为－40～＋200 ℃
工业用凡士林（GB/T 6731—1986）		54	—	适用于金属零件、机器的防锈，在机械的温度不高和负荷不大时，可用作减摩擦润滑脂

二、润滑装置

附表 A-3　直通式压注油杯（JB/T 7940.1—1995）　（单位：mm）

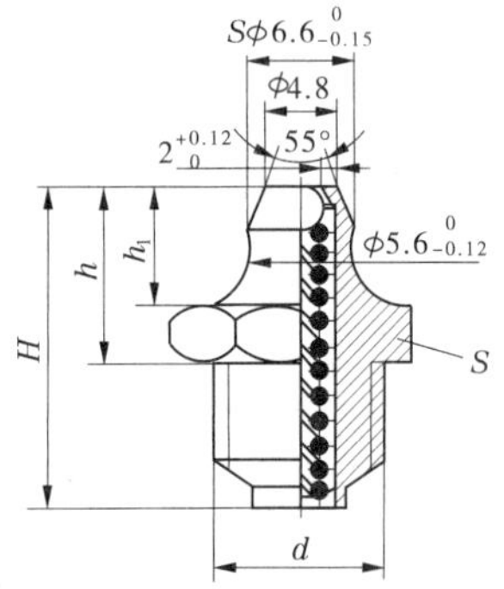

d	H	h	h_1	S	钢球（按 GB 308—2002）
M6	13	8	6	8	3
M8×1	16	9	6.5	10	
M10×1	18	10	7	11	

标记示例：

联接螺纹 M10×1、直通式压注油杯的标记：油杯　M10×1　JB/T 7940.1—1995

附表 A-4　接头式压注油杯（JB/T 7940.2—1995）　　（单位：mm）

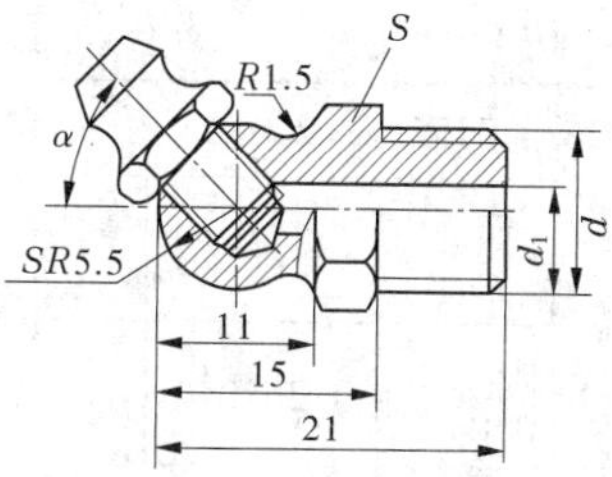

d	d_1	α	S	直通式压注油杯（按 GB/T 1152—1989）
M6	3	45°，90°	11	M6
M8×1	4			
M10×1	5			

标记示例：

联接螺纹 M10×1、45°接头式压注油杯的标记：油杯　45°　M10×1　JB/T 7940.2—1995

附表 A-5　压配式压注油杯（JB/T 7940.4—1995）　　（单位：mm）

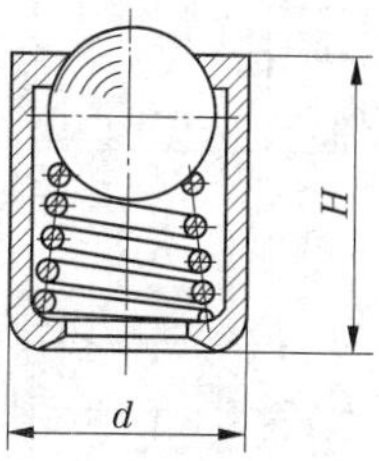

d 基本尺寸	d 极限偏差	H	钢球（按 GB 308—2002）
6	+0.040 +0.028	6	4
8	+0.049 +0.034	10	5
10	+0.058 +0.040	12	6
16	+0.063 +0.045	20	11
25	+0.085 +0.064	30	13

标记示例：

$d=6$　压配式压注油杯的标记：油杯 6　JB/T 7940.4—1995

附表 A-6　旋盖式油杯（JB/T 7940.3—1995）　　（单位：mm）

A 型

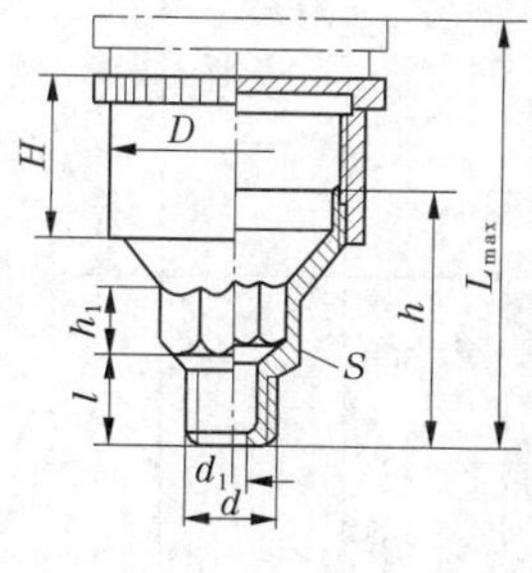

最小容量（cm^3）	d	l	H	h	h_1	d_1	D	L_{max}	S
1.5	M8×1	8	14	22	7	3	16	33	10
3	M10×1		15	23	8	4	20	35	13
6			17	26			26	40	
12	M14×1.5	12	20	30	10	5	32	47	18
18			22	32			36	50	
25			24	34			41	55	
50	M16×1.5		30	44			51	70	21
100			38	52			68	85	

标记示例：

最小容量 25 cm^3、A 型旋盖式油杯的标记：油杯　A25 JB/T 7940.3—1995

注：B 型旋盖式油杯见 GB/T 1154—1989。

三、密封件

附表 A-7　O 形橡胶密封圈(GB/T 3452.1—2005)　(单位:mm)

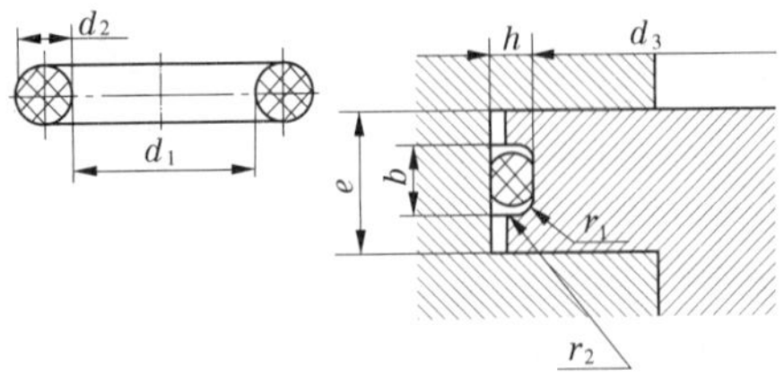

标记示例:

40×3.55G　GB/T 3452.1—2005

(内径 d_1 = 40.0,截面直径 d_2 = 3.55 的通用 O 形密封圈,用途代号 G 表示为通用型)

沟槽尺寸(GB/T 3452.1—2005)

d_2	$b^{+0.25}_{0}$	$h^{+0.10}_{0}$	d_3 偏差值	r_1	r_2
1.8	2.4	1.38	0 −0.04	0.2～0.4	0.1～0.3
2.65	3.6	2.07	0 −0.05	0.4～0.8	
3.55	4.8	2.74	0 −0.06		
5.3	7.1	4.19	0 −0.07	0.8～1.2	
7.0	9.5	5.67	0 −0.09		

内径 d_1	极限偏差	截面直径 d_2 1.80±0.08	2.65±0.09	3.55±0.10
13.2	±0.17	*	*	
14.0		*	*	
15.0		*	*	
16.0		*	*	
17.0		*	*	
18.0		*	*	*
19.0	±0.22	*	*	*
20.0		*	*	*
21.2		*	*	*
22.4		*	*	*
23.6		*	*	*
25.0		*	*	*
25.8		*	*	*
26.5		*	*	*
28.0		*	*	*
30.0		*	*	*
31.5	±0.30		*	*
32.5		*	*	*
33.5			*	*
34.5		*	*	*
35.5			*	*

内径 d_1	极限偏差	截面直径 d_2 2.65±0.09	3.55±0.10	5.30±0.13
56.0	±0.44	*	*	*
58.0		*	*	*
60.0		*	*	*
61.5		*	*	*
63.0		*	*	*
65.0	±0.53		*	*
67.0		*	*	*
69.0			*	*
71.0		*	*	*
73.0			*	*
75.0		*	*	*
77.5			*	*
80.0		*	*	*
82.5	±0.65		*	*
85.0		*	*	*
87.5			*	*
90.0		*	*	*
92.5			*	*
95.0		*	*	*
97.5			*	*
100		*	*	*

续附表 A-7

内径 d_1	截面直径 d_2 极限偏差	1.80 ± 0.08	2.65 ± 0.09	3.55 ± 0.10
36.5	±0.30	*	*	*
37.5			*	*
38.7		*	*	*
40.0			*	*
41.2	±0.36		*	*
42.5		*	*	*
43.7			*	*
45.0			*	*
46.2		*	*	*
47.5			*	*
48.7			*	*
50.0		*	*	*
51.5	±0.44		*	*
53.0			*	*
54.5			*	*

内径 d_1	截面直径 d_2 极限偏差	2.65 ± 0.09	3.55 ± 0.10	5.30 ± 0.13
103	±0.65		*	*
106		*	*	*
109			*	*
112		*	*	*
115			*	*
118		*	*	*
122	±0.9		*	*
125		*	*	*
128			*	*
132		*	*	*
136			*	*
140		*	*	*
145			*	*
150		*	*	*
155			*	*

附表 A-8　J 形无骨架橡胶油封（HG4—338—1966）　　（单位：mm）

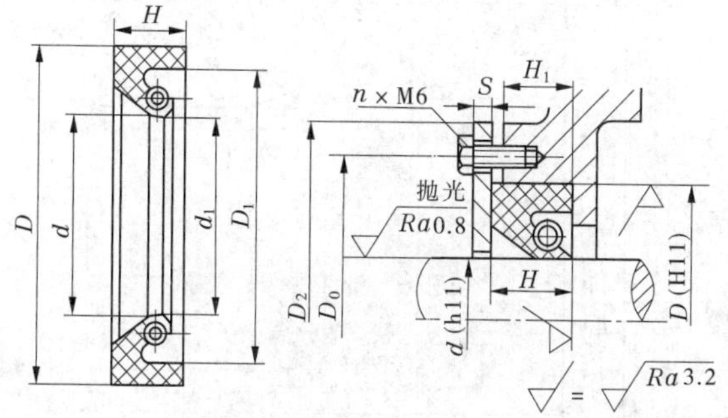

	轴径 d	30 ~ 95（按 5 进位）	100 ~ 170（按 10 进位）
油封尺寸	D	$d+25$	$d+30$
	D_1	$d+16$	$d+20$
	d_1	$d-1$	
	H	12	16
油封槽尺寸	S	6 ~ 8	8 ~ 10
	D_0	$D+15$	
	D_2	D_0+15	
	n	4	6
	H_1	$H-(1\sim2)$	

标记示例：

J 型油封 50 × 75 × 12 橡胶 I－1HG4－338－1966

（$d=50$、$D=75$、$H=12$、材料为耐油橡胶 I—1 的 J 形无骨架橡胶油封）

附表 A-9　唇形密封圈的形式、尺寸及其安装要求(GB/T 13871—2007)　(单位:mm)

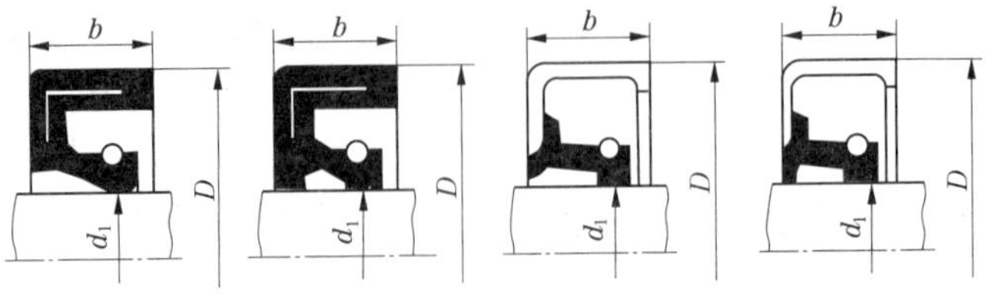

B型 内包骨架型　FB型 带副唇内包骨架型　W型 外露骨架型　FW型 带副唇外露骨架型

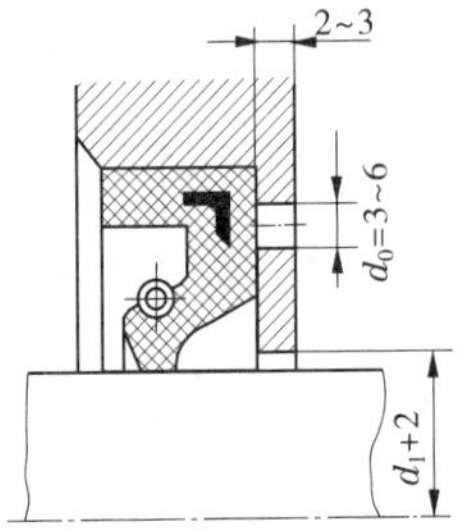

安装图

标记示例:

(F)B　120　150　GB 13871—2007

(带副唇的内包骨架型旋转轴唇形密封圈,d_1 = 120,D = 150)

d_1	D	b	d_1	D	b	d_1	D	b
6	16,22		25	40,47,52		55	72,(75),80	8
7	22		28	40,47,52	7	60	80,85	
8	22,24		30	42,47,(50)		65	85,90	
9	22		30	52		70	90,95	10
10	22,25		32	45,47,52		75	95,100	
12	24,25,30	7	35	50,52,55		80	100,110	
15	26,30,35		38	52,58,62	8	85	110,120	
16	30,(35)		40	55,(60),62		90	(115),120	
18	30,35		42	55,62		95	120	12
20	35,40,(45)		45	62,65		100	125	
22	35,40,47		50	68,(70),72		105	(130)	

旋转轴唇形密封圈的安装要求

轴导入倒角

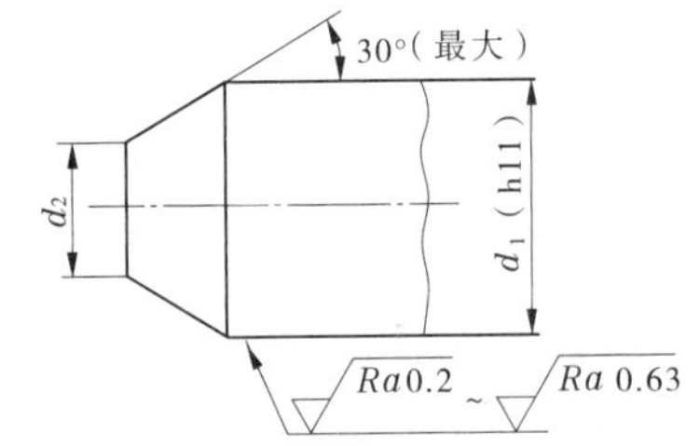

d_1	d_1-d_2	d_1	d_1-d_2
$d_1 \leqslant 10$	1.5	$40 < d_1 \leqslant 50$	3.5
$10 < d_1 \leqslant 20$	2.0	$50 < d_1 \leqslant 70$	4.0
$20 < d_1 \leqslant 30$	2.5	$70 < d_1 \leqslant 95$	4.5
$30 < d_1 \leqslant 40$	3.0	$95 < d_1 \leqslant 130$	5.5

腔体内孔尺寸

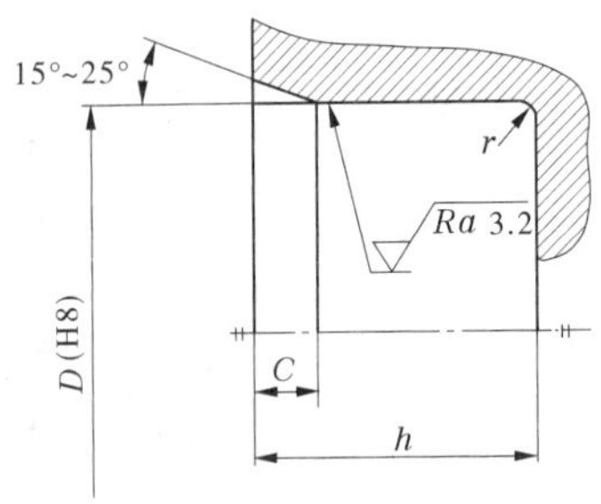

公称宽度 b	最小内孔深 h	倒角长度 C	r_{max}
≤10	$b+0.9$	0.70 ~ 1.00	0.50
>10	$b+1.2$	1.20 ~ 1.50	0.75

注:1. 标准中考虑到国内实际情况,除全部采用国际标准的公称尺寸外,还补充了若干种国内常用的规格,并加括号以示区别。

2. 安装要求中若轴端采用倒圆导入倒角,则倒圆的圆角半径不小于表中的 d_1-d_2 之值。

附表 A-10　油沟式密封槽(参考)　　　　(单位:mm)

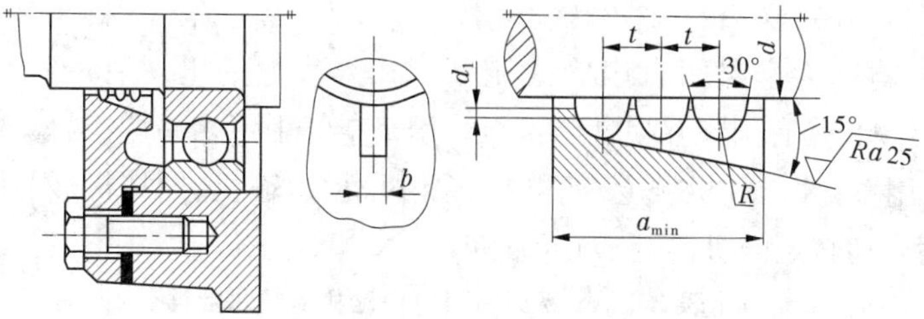

轴径 d	25~80	>80~120	>120~180	油沟数 n
R	1.5	2	2.5	2~3(使用3个的情况较多)
t	4.5	6	7.5	
b	4	5	6	
d_1	$d+1$			
a_{min}	$nt+R$			

附表 A-11　迷宫式密封槽　　　　(单位:mm)

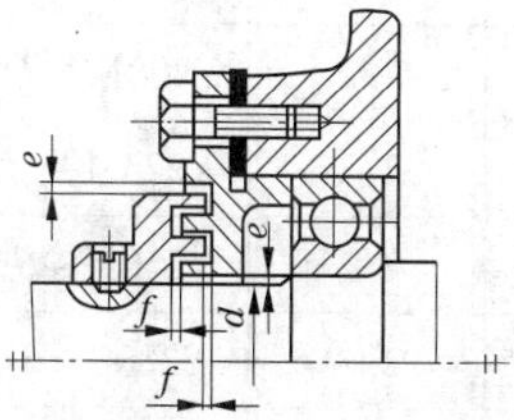

轴径 d	10~50	50~80	80~110	110~180
e	0.2	0.3	0.4	0.5
f	1	1.5	2	2.5

附录 B　电动机

Y 系列电动机为全封闭自扇冷式笼型三相异步电动机，是按照国际电工委员会(IEC)标准设计的，具有国际互换性的特点。用于空气中不含易燃、易爆或腐蚀性气体的场所，适用于无特殊要求的机械上，如机床、泵、风机、运输机、搅拌机、农业机械等。也用于某些需要高启动转矩的机器上，如压缩机。

附表 B-1　Y 系列(IP44)电动机的技术数据

电动机型号	额定功率(kW)	满载转速(r/min)	堵转转矩/额定转矩	最大转矩/额定转矩
同步转速 3 000 r/min，2 极				
Y801－2	0.75	2 825	2.2	2.2
Y802－2	1.1	2 825	2.2	2.2
Y90S－2	1.5	2 840	2.2	2.2
Y90L－2	2.2	2 840	2.2	2.2
Y100L－2	3	2 880	2.2	2.2
Y112M－2	4	2 890	2.2	2.2
Y132S1－2	5.5	2 900	2.0	2.2
Y132S2－2	7.5	2 900	2.0	2.2
Y160M1－2	11	2 930	2.0	2.2
Y160M2－2	15	2 930	2.0	2.2
Y160L－2	18.5	2 930	2.0	2.2
Y180M－2	22	2 940	2.0	2.2
Y200L1－2	30	2 950	2.0	2.2
Y200L2－2	37	2 950	2.0	2.2
Y225M－2	45	2 970	2.0	2.2
Y250M－2	55	2 970	2.0	2.2
同步转速 1 000 r/min，6 极				
Y90S－6	0.75	910	2.0	2.0
Y90L－6	1.1	910	2.0	2.0
Y100L－6	1.5	940	2.0	2.0
Y112M－6	2.2	940	2.0	2.0
Y132S－6	3	960	2.0	2.0
Y132M1－6	4	960	2.0	2.0
Y132M2－6	5.5	960	2.0	2.0
Y160M－6	7.5	970	2.0	2.0
Y160L－6	11	970	2.0	2.0
Y180L－6	15	970	1.8	2.0
Y200L1－6	18.5	970	1.8	2.0
Y200L2－6	22	970	1.8	2.0
Y225M－6	30	980	1.7	2.0
Y250M－6	37	980	1.8	2.0
Y280S－6	45	980	1.8	2.0
Y280M－6	55	980	1.8	2.0
同步转速 1 500 r/min，4 极				
Y801－4	0.55	1 390	2.2	2.2
Y802－4	0.75	1 390	2.2	2.2
Y90S－4	1.1	1 400	2.2	2.2
Y90L－4	1.5	1 400	2.2	2.2
Y100L1－4	2.2	1 420	2.2	2.2
Y100L2－4	3	1 420	2.2	2.2

续附表 B-1

电动机型号	额定功率(kW)	满载转速(r/min)	堵转转矩/额定转矩	最大转矩/额定转矩	电动机型号	额定功率(kW)	满载转速(r/min)	堵转转矩/额定转矩	最大转矩/额定转矩
Y112M－4	4	1 440	2.2	2.2	同步转速 750 r/min,8 极				
Y132S－4	5.5	1 440	2.2	2.2	Y132S－8	2.2	710	2.0	2.0
Y132M－4	7.5	1 440	2.2	2.2	Y132M－8	3	710	2.0	2.0
Y160M－4	11	1 460	2.2	2.2	Y160M1－8	4	720	2.0	2.0
Y160L－4	15	1 460	2.2	2.2	Y160M2－8	5.5	720	2.0	2.0
Y180M－4	18.5	1 470	2.0	2.2	Y160L－8	7.5	720	2.0	2.0
Y180L－4	22	1 470	2.0	2.2	Y180L－8	11	730	1.7	2.0
Y200L－4	30	1 470	2.0	2.2	Y200L－8	15	730	1.8	2.0
Y225S－4	37	1 480	1.9	2.2	Y225S－8	18.5	730	1.7	2.0
Y225M－4	45	1 480	1.9	2.2	Y225M－8	22	730	1.8	2.0
Y250M－4	55	1 480	2.0	2.2	Y250M－8	30	730	1.8	2.0
Y280S－4	75	1 480	1.9	2.2	Y280S－8	37	740	1.8	2.0
Y280M－4	90	1 480	1.9	2.2	Y280M－8	45	740	1.8	2.0

注:电动机型号意义:以 Y132S2－2－B3 为例,Y 表示系列代号,132 表示机座中心高,S2 表示短机座第二种铁芯长度(M—中机座;L—长机座),2 表示电动机的级数,B3 表示安装形式。

附表 B-2　Y 系列电动机安装代号

安装形式	基本安装型	由 B3 派生安装型				
	B3	V5	V6	B6	B7	B8
示意图	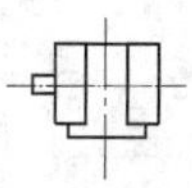	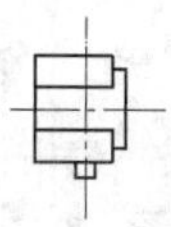	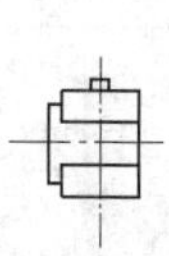		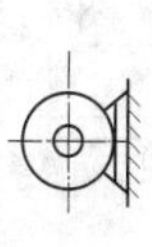	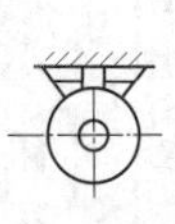
中心高(mm)	80～280	80～160				
安装形式	基本安装型	由 B5 派生安装型		基本安装型	由 B35 派生安装型	
	B5	V1	V3	B35	V15	V36
示意图	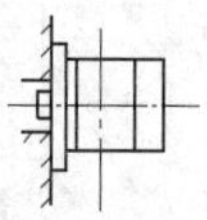	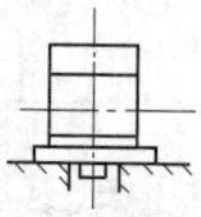	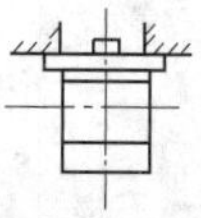	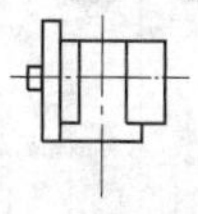	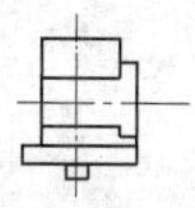	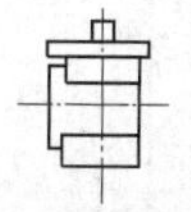
中心高(mm)	80～225	80～280	80～160	80～280	80～160	

附表 B-3　机座带底脚、端盖无凸缘(B3、B6、B7、B8、V5、V6 型)电动机的安装及外形尺寸　　(单位:mm)

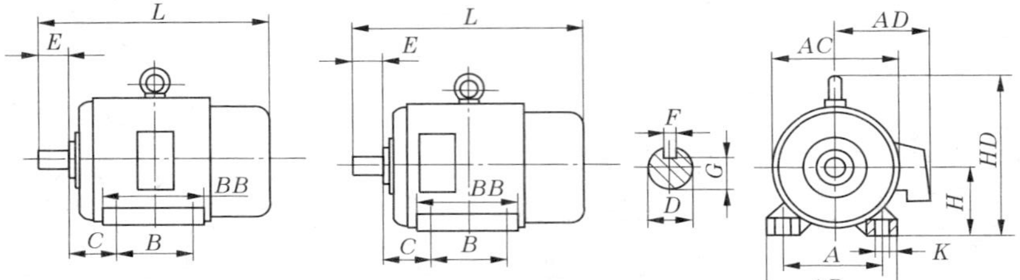

Y80~Y132　　Y160~Y280

机座号	极数	A	B	C	D		E	F	G	H	K	AB	AC	AD	HD	BB	L
80	2、4	125	100	50	19	+0.009 −0.004	40	6	15.5	80	10	165	165	150	170	130	285
90S	2、4、6	140		56	24		50	8	20	90		180	175	155	190		310
90L			125													155	335
100L		160	140	63	28		60		24	100	12	205	205	180	245	170	380
112M		190		70						112		245	230	190	265	180	400
132S	2、4、6、8	216		89	38	+0.018 +0.002	80	10	33	132		280	270	210	315	200	475
132M			178													238	515
160M		254	210	108	42		110	12	37	160	15	330	325	255	385	270	600
160L			254													314	645
180M		279	241	121	48		140	14	42.5	180		355	360	285	430	311	670
180L			279													349	710
200L		318	305	133	55	+0.030 +0.011		16	49	200	19	395	400	310	475	379	775
225S	4、8	356	286	149	60			18	53	225		435	450	345	530	368	820
225M	2		311		55		110	16	49							393	815
	4、6、8				60		140	18	53		24						845
250M	2	406	349	168						250		490	495	385	575	455	930
	4、6、8				65				58								
280S	2	457	368	190						280		550	555	410	640	530	1 000
	4、6、8				75			20	67.5								
280M	2		419		65			18	58							581	1 050
	4、6、8				75			20	67.5								

附表 B-4 机座带底脚、端盖有凸缘(V35、V15、V36 型)电动机的安装及外形尺寸 (单位:mm)

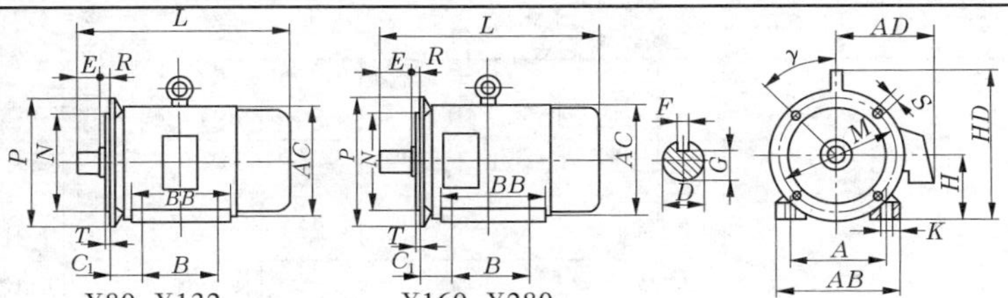

Y80~Y132　Y160~Y280

机座号	极数	A	B	C_1	D		E	F	G	H	K	M	N	P	R	S	T	凸缘孔数	AB	AC	AD	HD	BB	L
80	2、4	125	100	50	19	+0.009 −0.004	40	6	15.5	80	10	165	130	200	0	12	3.5	4	165	165	150	170	130	285
90S	2、4、6	140		56	24		50	8	20	90									180	175	155	190		310
90L			125																				155	335
100L		160		63	28		60		24	100	12	215	180	250		15	4		205	205	180	245	176	380
112M		190	140	70						112									245	230	190	265	180	400
132S	2、4、6、8	216		89	38	+0.018 +0.002	80	10	33	132		265	230	300					280	270	210	315	200	475
132M			178																				238	515
160M		254	210	108	42		110	12	37	160	15	300	250	350		19	5		330	325	255	385	270	600
160L			254																				314	645
180M		279	241	121	48			14	42.5	180									355	360	285	430	311	670
180L			279																				349	710
200L		318	305	133	55	+0.030 +0.011		16	49	200	19	350	300	400					395	400	310	475	379	775
225S	4、8	356	286	149	60		140	18	53	225		400	350	450				8	435	450	345	530	368	820
225M	2		311		55		110	16	49														393	815
	4、6、8				60		140	18	53															845
250M	2	406	349	168					53	250	24	500	450	550					490	495	385	575	455	930
	4、6、8				65				58															
280S	2	457	368	190						280									550	555	410	640	530	1 000
	4、6、8				75			20	67.5															
280M	2		419		65			18	58														581	1 050
	4、6、8				75			20	67.5															

注:1. Y80 ~ Y220 时,$\gamma = 45°$;Y225 ~ Y280 时,$\gamma = 22.5°$。
2. N 的极限偏差:130 和 180 为 $^{+0.014}_{-0.011}$,230 和 250 为 $^{+0.016}_{-0.013}$,300 为 ±0.016,350 为 ±0.018,450 为 ±0.020。

附表 B-5　机座不带底脚、端盖有凸缘（B5、V3 型）和立式安装、机座不带底脚、端盖有凸缘，轴伸向下（V1 型）电动机的安装及外形尺寸　（单位：mm）

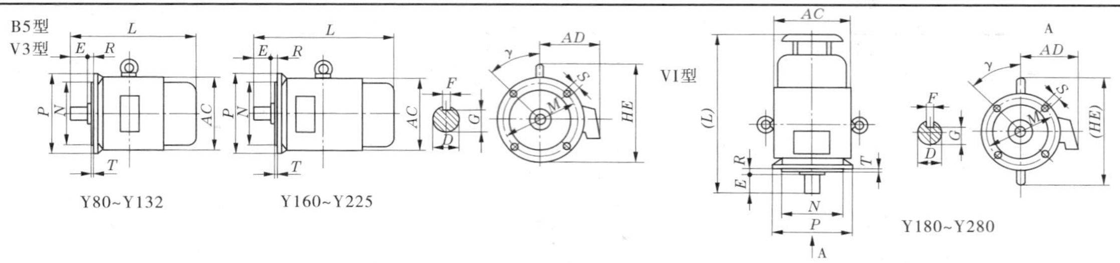

机座号	极数	D		E	F	G	M	N	P	R	S	T	凸缘孔数	AC	AD	HE(HE)	L(L)
80	2、4	19	+0.009 −0.004	40	6	15.5	165	130	200	0	12	3.5	4	165	150	185	285
90S	2、4、6	24		50	8	20								175	155	195	310
90L																	335
100L		28		60		24	215	180	250		15	4		205	180	245	380
112M														230	190	265	400
132S	2、4、6、8	38	+0.018 +0.002	80	10	33	265	230	300					270	210	315	475
132M																	515
160M		42		110	12	37	300	250	350		19	5		325	255	385	600
160L																	645
180M		48			14	42.5								360	285	430(500)	670(730)
180L																	710(770)
200L		55	+0.030 +0.011		16	49	350	300	400					400	310	480(550)	775(850)
225S	4、8	60		140	18	53							8	450	345	535(610)	820(910)
225M	2	55		110	16	49	400	350	450								815(905)
	4、6、8	60		140	18	53											845(935)
250M	2													495	385	(650)	(1 035)
	4、6、8	65				58	500	450	550								
280S	2													555	410	(720)	(1 120)
	4、6、8	75			20	67.5											
280M	2	65			18	58											(1 170)
	4、6、8	75			20	67.5											

注：1. Y80 ~ Y220 时，$\gamma = 45°$；Y225 ~ Y280 时，$\gamma = 22.5°$。
2. N 的极限偏差：130 和 180 为 $^{+0.014}_{-0.011}$，230 和 250 为 $^{+0.016}_{-0.013}$，300 为 ±0.016，350 为 ±0.018，450 为 ±0.020。

附录 C　联轴器

附表 C-1　常用联轴器的性能及应用

类型		名称	公称转矩范围	轴孔直径	最大转速范围	补偿量			应用条件	特点
						角向	轴向	径向		
			N·m	mm	r/min		mm			
刚性联轴器	固定式	凸缘联轴器	10 ~ 20 000	10 ~ 180	2 300 ~ 13 000*				常用于载荷平稳或有轻度冲击的条件下，连接低速和刚性不大的两轴	构造简单，成本低，可传递较大转矩，但不能消除冲击，对所连两轴间的偏移缺乏补偿能力，故对两轴对中性要求高。当两轴偏斜或不同心时，工作情况会恶化
刚性联轴器	固定式	夹壳联轴器	80 ~ 9 000	30 ~ 110	380 ~ 900				主要用于载荷平稳、转速较低的场合	装拆时轴不需作轴向移动，但外形复杂，要加防护罩，安装时不易很好对中，也不适用于有冲击的场合
刚性联轴器	可移式	滑块联轴器	120 ~ 20 000	15 ~ 150	100 ~ 250	≤30′		≤0.04 d（d 为轴径）	当所传递的转矩大，但两轴间径向相对位移较大，无较大冲击且转速不高时可采用	结构紧凑，尺寸小。使用寿命较长，但制造比较复杂
刚性联轴器	可移式	CL 型齿式联轴器	710 ~ 1 000 000	18 ~ 560	300 ~ 3 780	≤1°		0.4 ~ 6.3	主要适用于两轴平行，但误差较大的重型机械及长轴的连接。当正反转多变，启动频繁并要求传递的运动准确时不宜采用，亦不适用于立轴	两面对称可以互换，外形尺寸小，承载能力大，外形尺寸相同时传递转矩量大，且传递转矩范围大，在高速下工作可靠，制造相当困难

续附表 C-1

类型		名称	公称转矩范围 N·m	轴孔直径 mm	最大转速范围 r/min	补偿量 角向	补偿量 轴向 mm	补偿量 径向 mm	应用条件	特点
刚性联轴器	可移式	CLZ 型齿式联轴器	710 ~ 1 000 000	18 ~ 560	300 ~ 3 780	≤30′			同上。还可用于用中间轴联接相距较远的两轴	
		链条联轴器	40 ~ 25 000	16 ~ 190	900 ~ 4 500	≤1°	1.4 ~ 9.5	0.19 ~ 1.27	可用于一般传动,但不宜用于有冲击的逆向传动和垂直传动	结构简单,工艺性好,重量轻,装拆更换方便
弹性联轴器		LT 型弹性套柱销联轴器	6.3 ~ 16 000	9 ~ 160	1 150 ~ 8 800	30′ ~ 1°30′	较大	0.2 ~ 0.6	适用于载荷平稳,正反转多变,启动频繁的高速轴联接,使用温度为 -20 ~ +70 ℃	弹性较好,能补偿轴向位移,缓冲减振,不需润滑。缺点是寿命不长,橡胶弹性套易损坏,加工要求较高
		HL 型弹性柱销联轴器	160 ~ 160 000	12 ~ 340	850 ~ 7 100	≤30′	0.5 ~ 3	0.15 ~ 0.25	适用于启动频繁,正反转多变,带负荷启动的高、低速传动,允许较大的轴向窜动	制造、维护及更换容易,两面对称可以互换,寿命较长,具有一定的缓冲吸振能力,安装精度较高
		ML 型梅花形弹性联轴器	45 ~ 25 000	12 ~ 150	2 000 ~ 15 300	1° ~ 2°	1.5 ~ 5	0.5 ~ 1.8	适用于载荷不稳定,转速高,轴偏移大的场合,用于 -35 ~ +80 ℃	具有补偿两轴相对偏移、减振、耐磨及缓冲性能
		轮胎式联轴器	10 ~ 25 000	11 ~ 180	800 ~ 5 000	≤1°30′	1.0 ~ 8.0	1.0 ~ 5.0	主要用于有较大冲击载荷,正反转多变,启动频繁的场合	结构简单、弹性好,扭转刚度小,减振能力强,补偿两轴偏移量大,但径向尺寸大,附加轴向载荷大

注:“ * ”栏内的值仅适用于钢制凸缘联轴器。

附表 C-2　凸缘联轴器(GB/T 5843—2003)

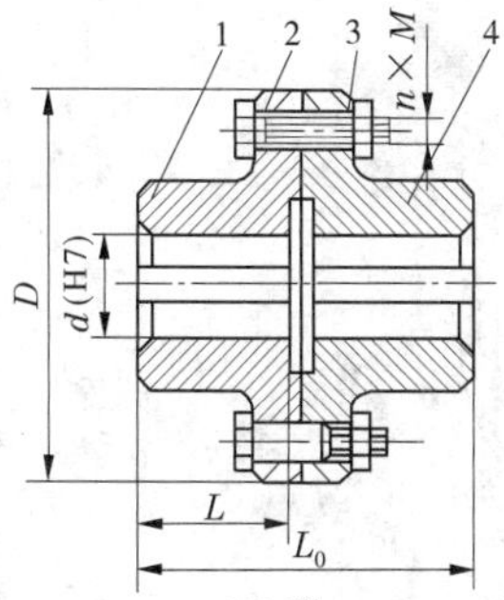

YL型

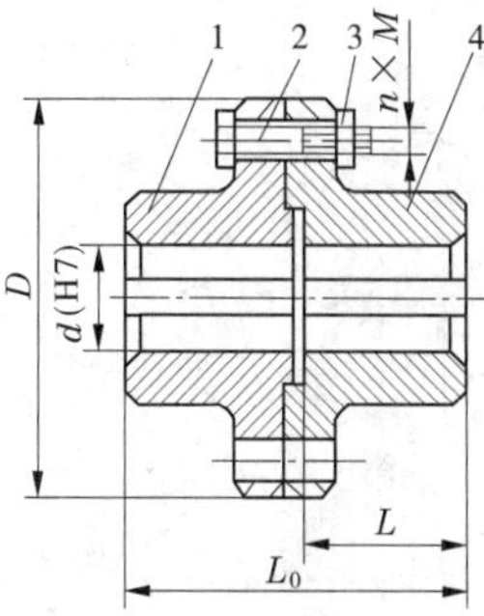

YLD型

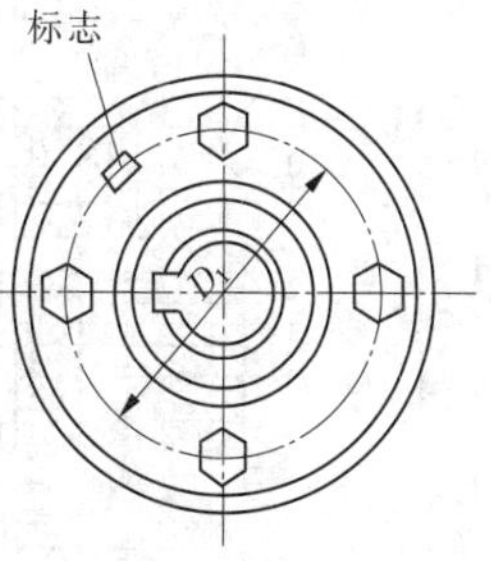

标记示例:YL3 联轴器 $\frac{J30\times 60}{J_1B28\times 44}$ GB/T 5843—2003

主动端:J 型轴孔,A 型键槽,$d=30$ mm,$L=60$ mm

从动端:J_1 型轴孔,B 型键槽,$d=28$ mm,$L=44$ mm

1、4—半联轴器;
2—螺栓;
3—尼龙锁紧螺帽

型号	公称扭矩(N·m)	许用转速(r/min)		轴孔直径* d(H7)(mm)	轴孔长度 L(mm)		D(mm)	D_1(mm)	螺栓**		L_0(mm)		质量(kg)	转动惯量(kg·m²)
		铁	钢		Y 型	J、J_1 型			数量	直径(mm)	Y 型	J、J_1 型		
YL1 YLD1	10	8 100	13 000	10,11	25	22	71	53	3 (3)	M6	54	48	0.94	0.001 8
				12,14	32	27					68	58		
				16,18,19	42	30					88	64		
				20,(22)	52	38					108	80		
YL2 YLD2	16	7 200	12 000	12,14	32	27	80	64	4 (4)		68	58	1.50	0.003 5
				16,18,19	42	30					88	64		
				20,(22)	52	38					108	80		
YL3 YLD3	25	6 400	10 000	14	32	27	90	69	3 (3)	M8	68	58	1.99	0.006 0
				16,18,19	42	30					88	64		
				20,22,(24)	52	38					108	80		
				(25)	62	44					128	92		
YL4 YLD4	40	5 700	9 500	18,19	42	30	100	80			88	64	2.47	0.009 2
				20,22,24	52	38					108	80		
				25,(28)	62	44					128	92		
YL5 YLD5	63	5 500	9 000	22,24	52	38	105	85	4 (4)		108	80	3.19	0.013 0
				25,28	62	44					128	92		
				30,(32)	82	60					168	124		

注:“＊”栏括号内的轴孔直径仅适用于钢制联轴器。

“＊＊”栏括号内的螺栓数量为铰制孔用螺栓数量。

附表 C-3　弹性柱销联轴器

（单位：mm）

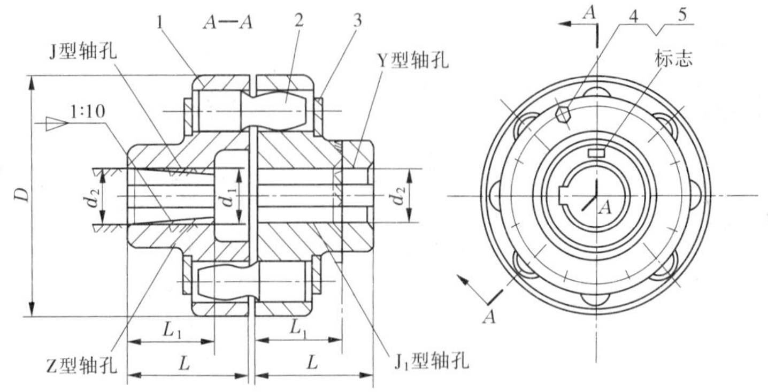

1—半联轴器；
2—柱销；
3—挡板；
4—螺栓；
5—垫圈

标记示例：HL7 联轴器 $\frac{ZC75\times107}{JB70\times107}$　GB/T 5014—2003

主动端：Z 型轴孔，C 型键槽，$d_z=75$ mm，$L_1=107$ mm

从动端：J 型轴孔，B 型键槽，$d_z=70$ mm，$L_1=107$ mm

型号	公称扭矩 (N·m)	许用转速 r/min 铁	许用转速 r/min 钢	轴孔直径* d_1、d_2、d_z (mm)	轴孔长度(mm) Y型 L	轴孔长度(mm) J、J_1、Z型 L_1	轴孔长度(mm) J、J_1、Z型 L	D mm	质量 kg	转动惯量 kg·m^2	许用补偿量 径向 ΔY mm	许用补偿量 轴向 ΔX mm	许用补偿量 角向 Δα
HL1	160	7 100	7 100	12,14	32	27	32	90	2	0.006 4	0.15	±0.5	≤0°30′
				16,18,19	42	30	42						
				20,22,(24)	52	38	52						
HL2	315	5 600	5 600	20,22,24				120	5	0.253		±1	
				25,28	62	44	62						
				30,32,(35)	82	60	82						
HL3	630	5 000	5 000	30,32,35,38				160	8	0.6			
				40,42,(45),(48)	112	84	112						
HL4	1 250	2 800	4 000	40,42,45,48,50,55,56				195	22	3.4		±1.5	
				(60),(63)	142	107	142						
HL5	2 000	2 500	3 550	50,55,56,60,63,65,70,(71),(75)				220	30	5.4			
HL6	3 150	2 100	2 800	60,63,65,70,71,75,80				280	53	15.6	0.20	±2	
				(85)	172	132	172						
HL7	6 300	1 700	2 240	70,71,75	142	107	142	320	98	41.1			
				80,85,90,95	172	132	172						
				100,(110)	212	167	212						
HL8	10 000	1 600	2 120	80,85,90,95,100,110,(120),(125)				360	119	56.5			
HL9	16 000	1 250	1 800	100,110,120,125				410	197	133.3			
				130,(140)	252	202	252						
HL10	25 000	1 120	1 560	110,120,125	212	167	212	480	322	273.2	0.25	±2.5	
				130,140,150	252	202	252						
				160,(170),(180)	302	242	302						

注：1. 该联轴器最大型号为 HL14，详见 GB/T 5014—2003。

2. 带制动轮的弹性柱销联轴器 HLL 型可参阅 GB/T 5014—2003。

3. “ * ”栏内带括号的值仅适用于钢制联轴器。

4. 轴孔形式及长度 L、L_1 可根据需要选取。

附表 C-4 轴孔和键槽的形式、代号及系列尺寸

型号	长圆柱形轴孔（Y 型）	有沉孔的短圆柱形轴孔（J 型）	无沉孔的短圆柱形轴孔（J_1 型）	有沉孔的圆锥形轴孔（Z 型）
轴孔	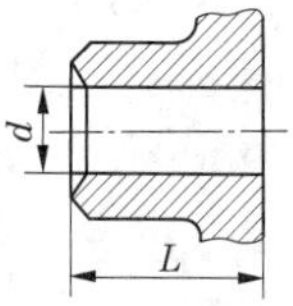	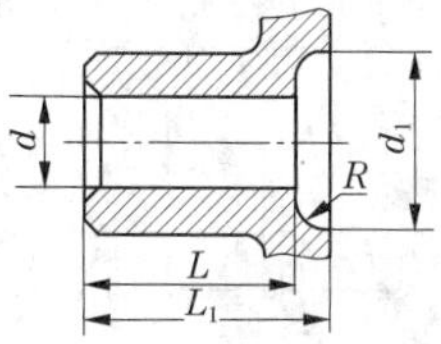	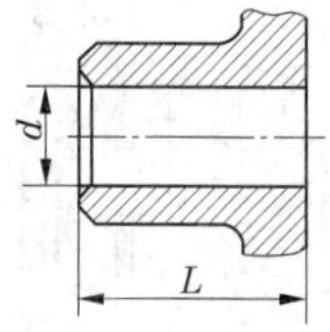	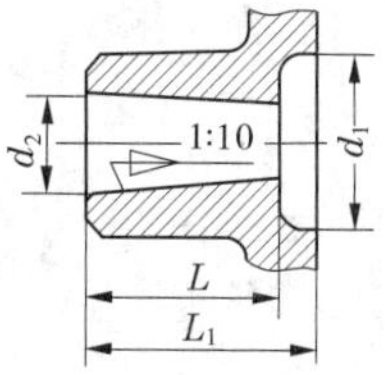
键槽	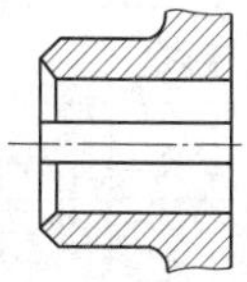	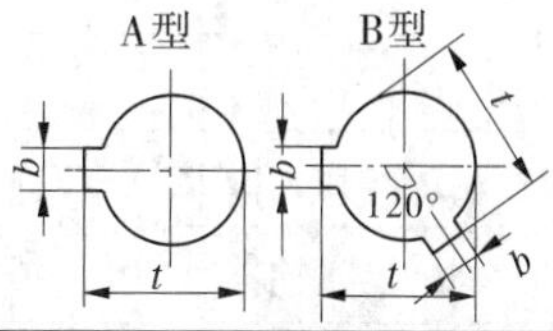		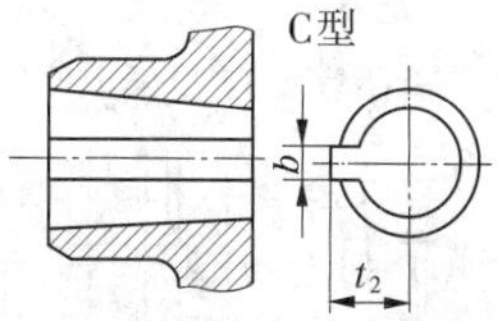

轴孔和 C 型键槽尺寸 （单位：mm）

直径 d、d_z	轴孔长度 L Y 型	轴孔长度 L J、J_1、Z 型	L_1	沉孔 d_1	沉孔 R	C 型键槽 b	C 型键槽 t_2 公称尺寸	C 型键槽 t_2 极限偏差
16						3	8.7	
18	42	30	42				10.1	
19				38		4	10.6	
20							10.9	
22	52	38	52		1.5		11.9	
24							13.4	±0.1
25							13.7	
28	62	44	62	48		5	15.2	
30							15.8	
32	82	60	82	55			17.3	
35						6	18.3	
38							20.3	
40				65			21.2	
42					2	10	22.2	
45	112	84	112				23.7	±0.2
48				80		12	25.2	
50				95			26.2	

直径 d、d_z	轴孔长度 L Y 型	轴孔长度 L J、J_1、Z 型	L_1	沉孔 d_1	沉孔 R	C 型键槽 b	C 型键槽 t_2 公称尺寸	C 型键槽 t_2 极限偏差
55	112	84	112	95		14	29.2	
56							29.7	
60							31.7	
63				105		16	32.2	
65					2.5		34.2	
70	142	107	142				36.8	
71				120		18	37.3	
75							39.3	
80							41.6	±0.2
85				140		20	44.1	
90	172	132	172				47.1	
95				160		22	49.6	
100					3		51.3	
110				180		25	56.3	
120	212	167	212				62.3	
125				210		28	64.8	
130	252	202	252	235	4		66.4	

轴孔与轴伸的配合、键槽宽度 b 的极限偏差

d、d_z	圆柱形轴孔与轴伸的配合		圆锥形轴孔的直径偏差	键槽宽度 b 的极限偏差
6～30	H7/j6	根据使用要求也可选用 H7/r6 或 H7/n6	Js10（圆锥角度及圆锥形状公差应小于直径公差）	P9（或 Js9、D10）
>30～50	H7/k6			
>50	H7/m6			

注：无沉孔的圆锥形轴孔（Z_1 型）和 B_1 型、D 型键槽尺寸，详见 GB/T 3852—2008。

附表 C-5　十字滑块联轴器

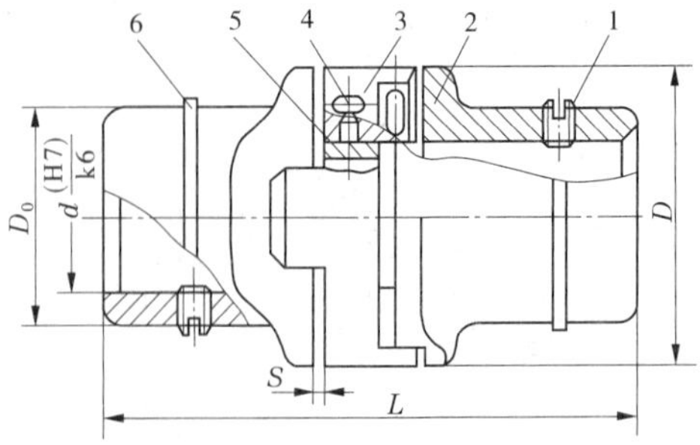

联轴器装配位置偏差

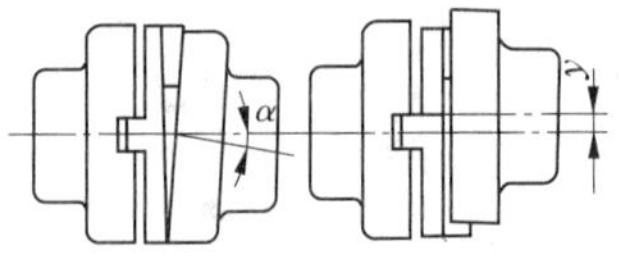

$\alpha \leqslant 30'$　$y \leqslant 0.04d$

序号	名称	数量	材料
1	平端紧定螺丝钉 GB/T 79—2000	2	35
2	半联轴器	2	ZG 310—570
3	圆盘	1	45
4	压配式注油杯 JB/T 7940.4—1995	2	
5	套筒	1	Q255
6	锁圈	2	弹簧钢丝

d (mm)	许用转矩 (N·m)	许用转速 (r/min)	D_0 (mm)	D (mm)	L (mm)	S (mm)
15,17,18	120	250	32	70	95	$0.5^{+0.3}_{0}$
20,25,30	250	250	45	90	115	$0.5^{+0.3}_{0}$
36,40	500	250	60	110	160	$0.5^{+0.3}_{0}$
45,50	800	250	80	130	200	$0.5^{+0.3}_{0}$
55,60	1 250	250	95	150	240	$0.5^{+0.3}_{0}$
65,70	2 000	250	105	170	275	$0.5^{+0.3}_{0}$
75,80	3 200	250	115	190	310	$0.5^{+0.3}_{0}$
85,90	5 000	250	130	210	355	$1.0^{+0.5}_{0}$
95,100	8 000	250	140	240	395	$1.0^{+0.5}_{0}$
110,120	10 000	100	170	280	435	$1.0^{+0.5}_{0}$
130,140	16 000	100	190	320	485	$1.0^{+0.5}_{0}$
150	20 000	100	210	340	550	$1.0^{+0.5}_{0}$

附表 C-6　弹性套柱销联轴器(GB/T 4323—2002)　　　　(单位:mm)

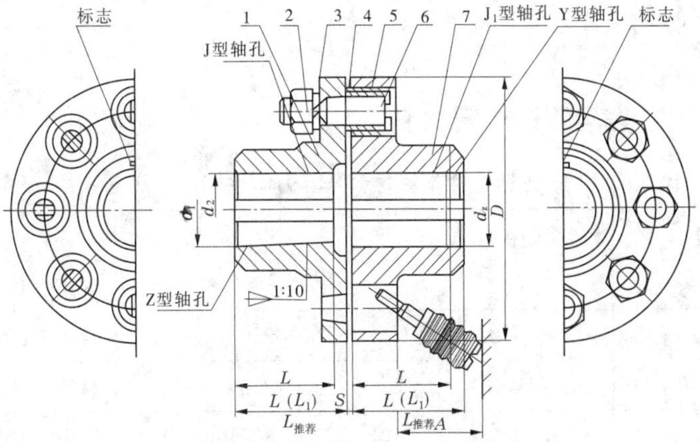

1、7—半联轴器;
2—螺母;
3—垫圈;
4—挡圈;
5—弹性套;
6—柱销;
L—$L_{推荐}$

标记示例:LT5 弹性套柱销联轴器

主动端:J_1 型轴孔,A 型键槽,$d=30$ mm,$L=50$ mm

从动端:J_1 型轴孔,B 型键槽,$d=35$ mm,$L=50$ mm

$$\text{LT5 联轴器}\ \frac{J_1 30\times 50}{J_1 B35\times 50}\ \text{GB/T 4323—2002}$$

型号	公称扭矩 T_n (N·m)	许用转速 $[n]$ (r/min)	轴孔直径 d_1, d_2, d_z (mm)	轴孔长度(mm) Y 型 L	J、J_1、Z 型 L_1	J、J_1、Z 型 L	$L_{推荐}$	D (mm)	A (mm)	S (mm)	质量 m (kg)	转动惯量 I (kg·m²)
LT1	6.3	8 800	9	20	14	—	25	71	18	3	0.82	0.000 5
			10、11	25	17							
			12、14	32	20							
LT2	16	7 600	12、14				35	80			1.20	0.000 8
			16、18、19	42	30	42						
LT3	31.5	6 300	16、18、19				38	95	35	4	2.20	0.002 3
			20、22	52	38	52						
LT4	63	5 700	20、22、24				40	106			2.84	0.003 7
			25、28	62	44	62						
LT5	125	4 600	25、28				50	130	45	5	6.05	0.012 0
			30、32、35	82	60	82						
LT6	250	3 800	32、35、38				55	160			9.57	0.028 0
			40、42	112	84	112						
LT7	500	3 600	40、42、45、48				60	190			14.01	0.055 0
LT8	710	3 000	45、48、50、55、56				70	224	65	6	23.12	0.134 0
			60、63	142	107	142						
LT9	1 000	2 850	50、55、56	112	84	112	80	250			30.69	0.213 0
			60、63、65、70、71	142	107	142						
LT10	2 000	2 300	63、65、70、71、75				100	315	80	8	61.40	0.660 0
			80、85、90、95	172	132	172						
LT11	4 000	1 800	80、85、90、95				115	400	100	10	120.70	2.122 0
			100、110	212	167	212						
LT12	8 000	1 450	100、110、120、125				135	475	130	12	210.34	5.390 0
			130	252	202	252						
LT13	16 000	1 150	120、125	212	167	212	160	600	180	14	419.36	17.580 0
			130、140、150	252	202	252						
			160、170	302	242	302						

附录 D　联接件

一、螺纹紧固件的性能等级和常用材料

附表 D-1　螺纹连接件常用材料及其力学性能

钢号	抗拉强度 σ_b（MPa）	屈服极限 σ_s（MPa）	疲劳极限	
			弯曲 σ_{-1}（MPa）	拉压 σ_{-1T}（MPa）
10	340～420	210	160～220	120～150
Q235	410～470	240	170～220	120～160
35	540	320	220～300	170～220
45	610	360	250～340	190～250
40Cr	750～1 000	650～900	320～440	240～340

附表 D-2　螺栓、螺钉和螺柱的机械性能等级（GB/T 3098.1—2000）

参数		性能等级①										
		3.6	4.6	4.8	5.6	5.8	6.8	8.8		9.8	10.9	12.9
								$d \leqslant 16$ mm	$d>16$ mm			
公称抗拉强度 σ_b（MPa）		300	400		500		600	800		900	1 000	1 200
最小抗拉强度 σ_{bmin}（MPa）		330	400	420	500	520	600	800	830	900	1 040	1 220
维氏硬度 HV $F \geqslant 98$ N	min	95	120	130	155	160	190	250	255	290	320	385
	max	220					250	320	335	360	380	435
布氏硬度 HBS $F=30D^2$	min	90	114	124	147	152	181	238	242	276	304	366
	max	209					238	304	318	342	361	414
洛氏硬度 HRC	min	—	—	—	—	—	—	22	23	28	32	39
	max	—	—	—	—	—	—	32	34	37	39	44
屈服强度 $\sigma_s^{②}$ 或非比例伸长应力 $\sigma_{0.2}$	公称	180	240	320	300	400	480	640	640	720	900	1 080
	min	190	240	340	300	420	480	640	660	720	940	1 080
保证应力 S_p	S_p（MPa）	180	225	310	280	380	440	580	600	650	83.0	970
	S_p/σ_s 或 $S_p^1/\sigma_{0.2}$	0.94	0.94	0.91	0.93	0.90	0.92	0.91	0.91	0.90	0.88	0.88
冲击吸收功 A_{KV}（J）	min	—	—	—	25	—	—	30	30	25	20	15

注：1. ①性能等级小数点前的数字代表材料公称抗拉强度 σ_b 的 1/100，小数点后的数字代表材料的屈服强度（σ_s）或非比例伸长应力（$\sigma_{0.2}$）与公称抗拉强度（σ_b）之比的 10 倍。

②3.6～6.8 级为 σ_s，8.8～12.9 级为 $\sigma_{0.2}$。

2. 推荐材料：3.6 级，低碳钢；4.6～6.8 级，低碳钢或中碳钢；8.8、9.8 级，低碳合金钢、中碳钢，淬火并回火；10.9 级，中碳钢，低、中碳合金钢，淬火并回火；12.9 级，合金钢淬火并回火。

二、螺栓、螺钉

附表 D-3　螺栓　　（单位：mm）

六角头螺栓 C 级（GB/T 5780—2000 摘录）　六角头螺栓全螺纹 C 级（GB/T 5781—2000 摘录）

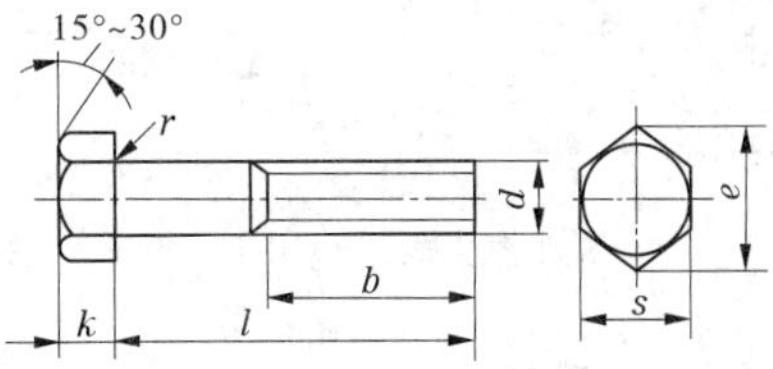

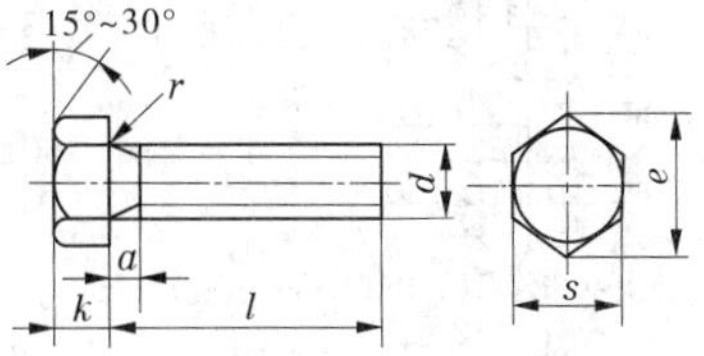

标记示例：

螺纹规格 d = M12、公称长度 l = 80 mm、性能等级为 4.8 级、不经表面处理、C 级的六角头螺栓：螺栓 GB/T 5780 M12 × 80

螺纹规格 d		M5	M6	M8	M10	M12	(M14)	M16	(M18)	M20	(M22)	M24	(M27)	M30	M36
s（公称）		8	10	13	16	18	21	24	27	30	34	36	41	46	55
k（公称）		3.5	4	5.3	6.4	7.5	8.8	10	11.5	12.5	14	15	17	18.7	22.5
r（最小）		0.2	0.25	0.4		0.6				0.8			1		
e（最小）		8.6	10.9	14.2	17.6	19.9	22.8	26.2	29.6	33	37.3	39.6	45.2	50.9	60.8
a（最大）		2.4	3	4	4.5	5.3	6		7.5				9	10.5	12
b（参考）	$l \leq 125$	16	18	22	26	30	34	38	42	46	50	54	60	66	78
	$125 < l \leq 200$	—	—	28	32	36	40	44	48	52	56	60	66	72	84
	$l > 200$	—	—	—	—	—	53	57	61	65	69	73	79	85	97
l（公称）GB/T 5780—2000		25 ~ 50	30 ~ 60	40 ~ 80	45 ~ 100	55 ~ 120	60 ~ 140	65 ~ 160	80 ~ 180	80 ~ 200	90 ~ 220	100 ~ 240	110 ~ 260	120 ~ 300	140 ~ 360
全螺纹长度 l GB/T 5781—2000		10 ~ 50	12 ~ 60	16 ~ 80	20 ~ 100	25 ~ 120	30 ~ 140	35 ~ 160	35 ~ 180	40 ~ 200	45 ~ 220	50 ~ 240	55 ~ 280	60 ~ 300	70 ~ 360
100 mm 长的质量（kg）		0.013	0.020	0.037	0.063	0.090	0.127	0.172	0.223	0.282	0.359	0.424	0.566	0.721	1.100
l 系列（公称）		10，12，16，20，25，30，35，40，45，50，55，60，65，70，80，90，100，110，120，130，140，150，160，180，200，220，240，260，280，300，320，340，360，380，400，420，440，460，480，500													

技术条件					
	GB/T 5780 螺纹公差：8g	材料：钢	性能等级：$d \leq 39$，3.6、4.6、4.8；$d > 39$，按协议	表面处理：不经处理，电镀，非电解锌粉覆盖	产品等级：C
	GB/T 5781 螺纹公差：8g				

附表 D-4　螺钉

（单位：mm）

开槽圆柱头螺钉（GB/T 65—2000 摘录）　开槽盘头螺钉（GB/T 67—2000 摘录）

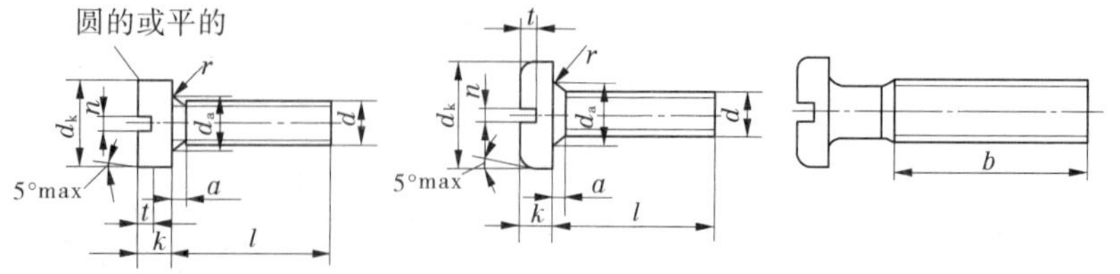

开槽沉头螺钉（GB/T 68—2000 摘录）　开槽半沉头螺钉（GB/T 69—2000 摘录）

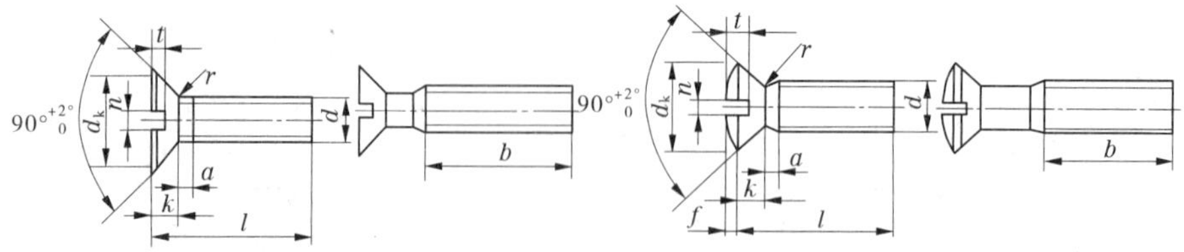

标记示例：

螺纹规格 d = M5、公称长度 l = 20 mm、性能等级为 4.8 级、不经表面处理的开槽圆柱头螺钉：

螺钉　GB/T 65 M5 × 20

螺纹规格 d		M3	(M3.5)	M4	M5	M6	M8	M10
a max		1	1.2	1.4	1.6	2	2.5	3
b min		25	38					
n 公称		0.8	1	1.2		1.6	2	2.5
GB/T 65—2000	d_k max	5.5	6	7	8.5	10	13	16
	k max	2	2.4	2.6	3.3	3.9	5	6
	t min	0.85	1	1.1	1.3	1.6	2	2.4
	d_a max	3.6	4.1	4.7	5.7	6.8	9.2	11.2
	r min	0.1		0.2		0.25	0.4	
	商品规格长度 l	4~30	5~35	5~40	6~50	8~60	10~80	12~80
	全螺纹长度 l	4~30	5~40	5~40	6~40	8~40	10~40	12~40
GB/T 67—2000	d_k max	5.5	7	8	9.5	12	16	20
	k max	1.8	2.1	2.4	3	3.6	4.8	6
	t min	0.7	0.8	1	1.2	1.4	1.9	2.4
	d_a max	3.6	4.1	4.7	5.7	6.8	9.2	11.2
	r min	0.1		0.2		0.25	0.4	
	商品规格长度 l	4~30	5~35	5~40	6~50	8~60	10~80	12~80
	全螺纹长度 l	4~30	5~40	5~40	6~40	8~40	10~40	12~40
GB/T 68—2000 GB/T 69—2000	d_k max	5.5	7.3	8.4	9.3	11.3	15.8	18.3
	k max	1.65	2.35	2.7		3.3	4.65	5
	r max	0.8	0.9	1	1.3	1.5	2	2.5
	t min GB/T 68	0.6	0.9	1	1.1	1.2	1.8	2
	t min GB/T 69	1.2	1.45	1.6	2	2.4	3.2	3.8
	f	0.7	0.8	1	1.2	1.4	2	2.3
	商品规格长度 l	5~30	6~35	6~40	8~50	8~60	10~80	12~80
	全螺纹长度 l	5~30	6~45	6~45	8~45	8~45	10~45	12~45

附表 D-5　内六角圆柱头螺钉(GB/T 70.1—2000)　(单位:mm)

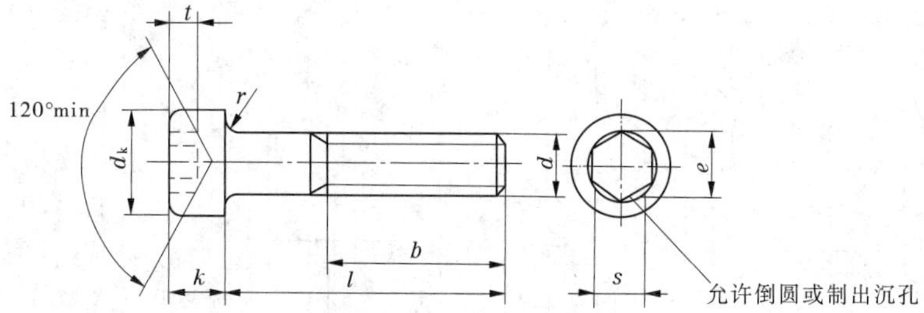

标记示例:

螺纹规格 d = M5、公称长度 l = 200 mm、性能等级为 8.8 级、表面氧化的内六角圆柱头螺钉:

螺钉　GB/T 70.1 M5 × 20

螺纹规格 d	M3	M4	M5	M6	M8	M10	M12	(M14)	M16	M20	M24	M30	M36
d_k	5.5	7	8.5	10	13	16	18	21	24	30	36	45	54
k_{max}	3	4	5	6	8	10	12	14	16	20	24	30	36
t	1.3	2	2.5	3	4	5	6	7	8	10	12	15.5	19
r	0.1	0.2	0.2	0.25	0.4	0.4	0.6	0.6	0.6	0.8	0.8	1	1
s	2.5	3	4	5	6	8	10	12	14	17	19	22	27
e_{min}	2.9	3.4	4.6	5.7	6.9	9.2	11.4	13.7	16	19	21.7	25.2	30.9
b(参考)	18	20	22	24	28	32	36	40	44	52	60	72	84
l	5 ~ 30	6 ~ 40	8 ~ 50	10 ~ 60	12 ~ 80	16 ~ 100	20 ~ 120	25 ~ 140	25 ~ 160	30 ~ 200	40 ~ 200	45 ~ 260	55 ~ 200
全螺纹时最大长度	20	25	25	30	35	40	45	55 (65)	55	65	80	90	110
l 系列	2.5,3,4,5,6,8,10,12,(14),(16),20,25,30,35,40,45,50,(55),60,(65),70,80,90,100,110,120,130,140,150,160,180,200												

注:尽可能不采用括号内的规格。

附表 D-6　吊环螺钉(GB/T 825—1988)

(单位:mm)

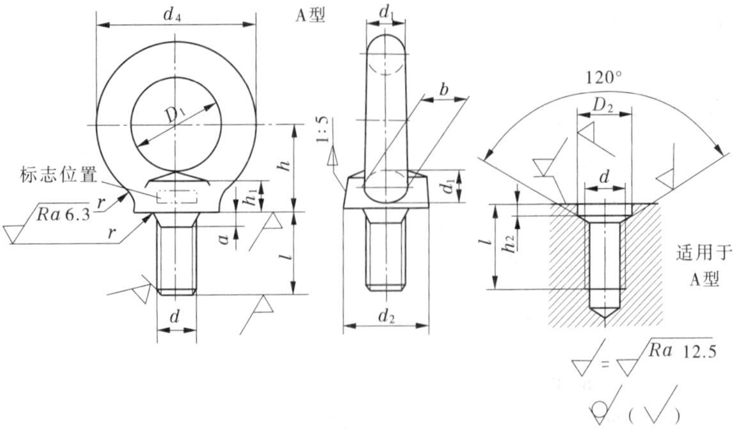

标记示例:

规格为 20 mm、材料为 20 钢、经正火处理、不经表面处理的 A 型吊环螺钉的标记为:

螺钉　GB/T 825　M20

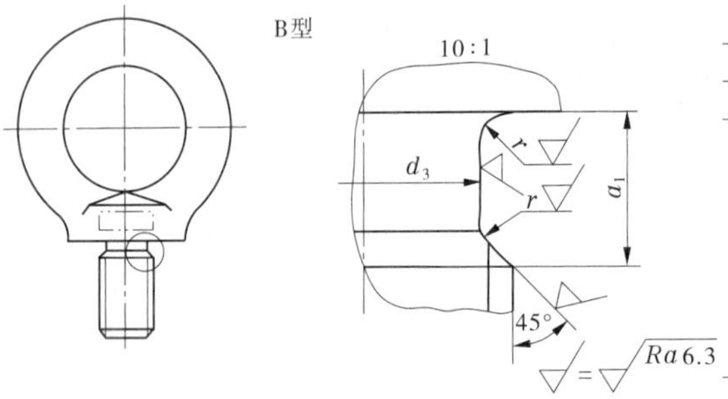

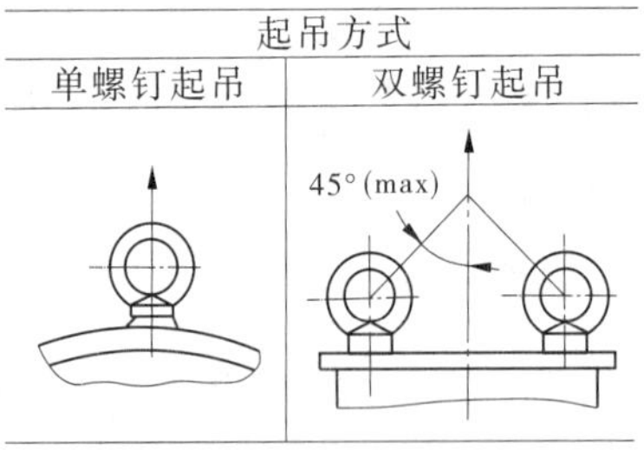

螺纹规格(d)		M8	M10	M12	M16	M20	M24	M30	M36	M42	M48
d_1	max	9.1	11.1	13.1	15.2	17.4	21.4	25.7	30	34.4	40.7
D_1	公称	20	24	28	34	40	48	56	67	80	95
d_2	max	21.1	25.1	29.1	35.2	41.4	49.4	57.7	69	82.4	97.7
h_1	max	7	9	11	13	15.1	19.1	23.2	27.4	31.7	36.9
l	公称	16	20	22	28	35	40	45	55	65	70
d_4	参考	36	44	52	62	72	88	104	123	144	171
h		18	22	26	31	36	44	53	63	74	87
r_1		4	4	6	6	8	12	15	18	20	22
r	min	1	1	1	1	1	2	2	3	3	3
a_1	max	3.75	4.5	5.25	6	7.5	9	10.5	12	13.5	15
d_3	公称(max)	6	7.7	9.4	13	16.4	19.6	25	30.8	35.6	41
a	max	2.5	3	3.5	4	5	6	7	8	9	10
b		10	12	14	16	19	24	28	32	38	46
D_2	公称(min)	13	15	17	22	28	32	38	45	52	60
h_2	公称(min)	2.5	3	3.5	4.5	5	7	8	9.5	10.5	11.5
最大起吊重量(t) 单螺钉起吊	(参见右上图)	0.16	0.25	0.4	0.63	1	1.6	2.5	4	6.3	8
最大起吊重量(t) 双螺钉起吊	(参见右上图)	0.08	0.125	0.2	0.32	0.5	0.8	1.25	2	3.2	4

减速器类型	一级圆柱齿轮减速器						二级圆柱齿轮减速器				
中心距 a	100	125	160	200	250	315	100×140	140×200	180×250	200×280	250×355
重量 W(kN)	0.26	0.52	1.05	2.1	4	8	1	2.6	4.8	6.8	12.5

注:1. M8 ~ M36 为商品规格。

2. "减速器重量 W"非 GB/T 825—1988 内容,仅供课程设计参考用。

三、螺母

附表 D-7　六角螺母　（单位:mm）

六角螺母　C 级（GB/T 41—2000 摘录）　　六角薄螺母无倒角　（GB/T 6174—2000 摘录）

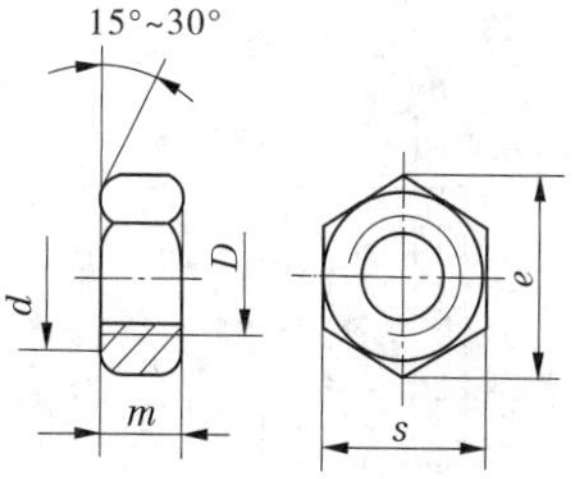

标记示例：

螺纹规格 D = M12、性能等级为 5 级、不经表面处理、产品等级为 C 级的六角螺母：

螺母　GB/T 41 M12

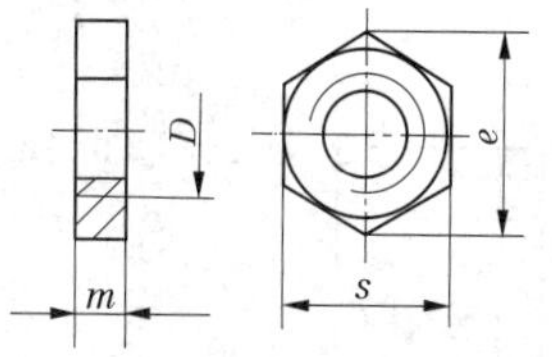

标记示例：

螺纹规格 D = M6、机械性能为 HV110、不经表面处理、B 级的六角薄螺母：

螺母　GB/T 6174 M6

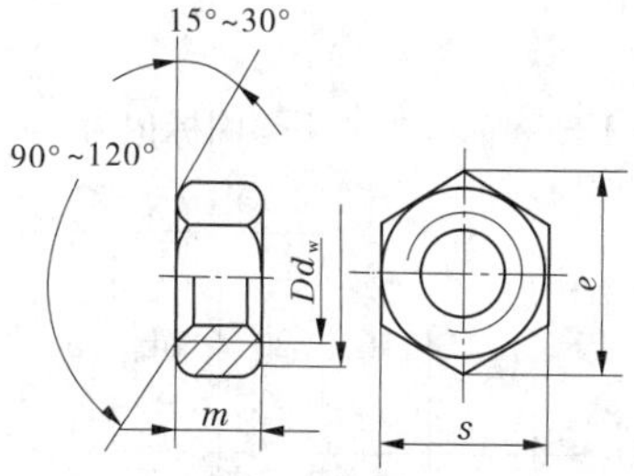

I 型六角螺母（GB/T 6170—2000 摘录）

六角薄螺母（GB/T 6172.1—2000 摘录）

标记示例：

螺纹规格 D = M12、性能等级为 10 级、不经表面处理、A 级的 I 型六角螺母：

螺母　GB/T 6170 M12

螺纹规格 D = M12、性能等级为 04 级、不经表面处理、A 级的六角薄螺母：

螺母　GB/T 6172.1 M12

螺纹规格 D		M3	(M3.5)	M4	M5	M6	M8	M10	M12	(M14)	M16	(M18)	M20	(M22)	M24	(M27)	M30	M36
e min	1①	5.9	6.4	7.5	8.6	10.9	14.2	17.6	19.9	22.8	26.2	29.6	33	37.3	39.6	45.2	50.9	60.8
	2②	6	6.6	7.7	8.8	11	14.4	17.8	20	23.4	26.8	29.6	33	37.3	39.6	45.2	50.9	60.8
s 公称		5.5	6	7	8	10	13	16	18	21	24	27	30	34	36	41	46	55
d_w min	1①	—	—	—	6.7	8.7	11.5	14.5	16.5	19.2	22	24.9	27.7	31.4	33.3	38	42.8	51.1
	2②	4.6	5.1	5.9	6.9	8.9	11.6	14.6	16.6	19.6	22.5	24.9	27.7	31.4	33.3	38	42.8	51.1
m max	GB/T 6170—2000	2.4	2.8	3.2	4.7	5.2	6.8	8.4	10.8	12.8	14.8	15.8	18	19.4	21.5	23.8	25.6	31
	GB/T 6172.1—2000 GB/T 6174—2000	1.8	2	2.2	2.7	3.2	4	5	6	7	8	9	10	11	12	13.5	15	18
	GB/T 41—2000	—	—	—	5.6	6.4	7.9	9.5	12.2	13.9	15.9	16.9	19	20.2	22.3	24.7	26.4	31.9

注：1. A 级用于 $D \leqslant 16$ mm，B 级用于 $D > 16$ mm 的螺母。

2. 尽量不采用括号中的尺寸，除表中所列外，还有（M33）、（M39）、（M45）、（M52）和（M60）。

3. GB/T 41—2000 的螺纹规格为 M5 ~ M60；GB/T 6174—2000 的螺纹规格为 M1.6 ~ M10。

4. ①为 GB/T 41—2000 及 GB/T 6174—2000 的尺寸；②为 GB/T 6170—2000 及 GB/T 6172.1—2000 的尺寸。

四、垫圈、挡圈

附表 D-8　平垫圈　　　　（单位:mm）

小垫圈 A 级（GB/T 848—2002）平垫圈－倒角型（GB/T 97.2—2002）（摘录）
平垫圈 C 级（GB/T 95—2002）平垫圈 A 级（GB/T 97.1—2002）（摘录）

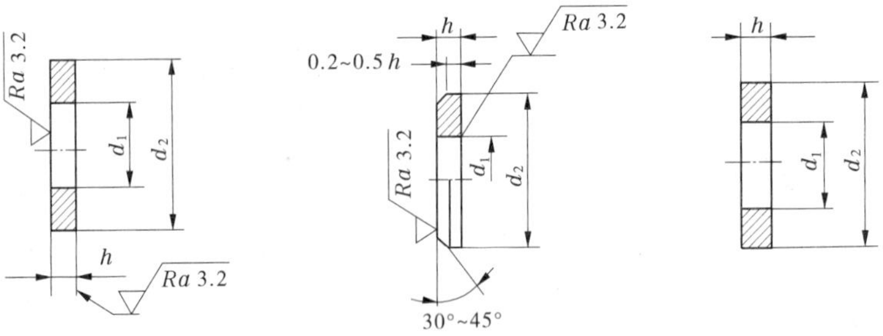

标准系列，公称尺寸 $d=8$ mm、性能等级为 140 HV 级、不经表面处理的平垫圈标记为：

垫圈　GB/T 97.1　8—140HV

<table>
<tr><td colspan="2">公称尺寸
（螺纹规格）d</td><td>4</td><td>5</td><td>6</td><td>8</td><td>10</td><td>12</td><td>14</td><td>16</td><td>20</td><td>24</td><td>30</td><td>36</td></tr>
<tr><td rowspan="4">d1
公称(min)</td><td>GB/T 848—2002</td><td rowspan="2">4.3</td><td rowspan="4">5.3</td><td rowspan="4">6.4</td><td rowspan="4">8.4</td><td rowspan="4">10.5</td><td rowspan="4">13</td><td rowspan="4">15</td><td rowspan="4">17</td><td rowspan="4">21</td><td rowspan="4">25</td><td rowspan="4">31</td><td rowspan="4">37</td></tr>
<tr><td>GB/T 97.1—2002</td></tr>
<tr><td>GB/T 97.2—2002</td><td rowspan="2">—</td></tr>
<tr><td>GB/T 95—2002</td></tr>
<tr><td rowspan="4">d2
公称(max)</td><td>GB/T 848—2002</td><td>8</td><td>9</td><td>11</td><td>15</td><td>18</td><td>20</td><td>24</td><td>28</td><td>34</td><td>39</td><td>50</td><td>60</td></tr>
<tr><td>GB/T 97.1—2002</td><td>9</td><td rowspan="3">10</td><td rowspan="3">12</td><td rowspan="3">16</td><td rowspan="3">20</td><td rowspan="3">24</td><td rowspan="3">28</td><td rowspan="3">30</td><td rowspan="3">37</td><td rowspan="3">44</td><td rowspan="3">56</td><td rowspan="3">66</td></tr>
<tr><td>GB/T 97.2—2002</td><td rowspan="2">—</td></tr>
<tr><td>GB/T 95—2002</td></tr>
<tr><td rowspan="4">h
公称</td><td>GB/T 848—2002</td><td>0.5</td><td rowspan="4">1</td><td colspan="3">1.6</td><td>2</td><td colspan="2">2.5</td><td>3</td><td rowspan="4" colspan="2">4</td><td rowspan="4">5</td></tr>
<tr><td>GB/T 97.1—2002</td><td>0.8</td><td rowspan="3" colspan="2">1.6</td><td rowspan="3">2</td><td rowspan="3" colspan="2">2.5</td><td rowspan="3" colspan="2">3</td></tr>
<tr><td>GB/T 97.2—2002</td><td rowspan="2">—</td></tr>
<tr><td>GB/T 95—2002</td></tr>
</table>

附表 D-9　弹簧垫圈(GB/T 93—1987,GB/T 859—1987)　　(单位:mm)

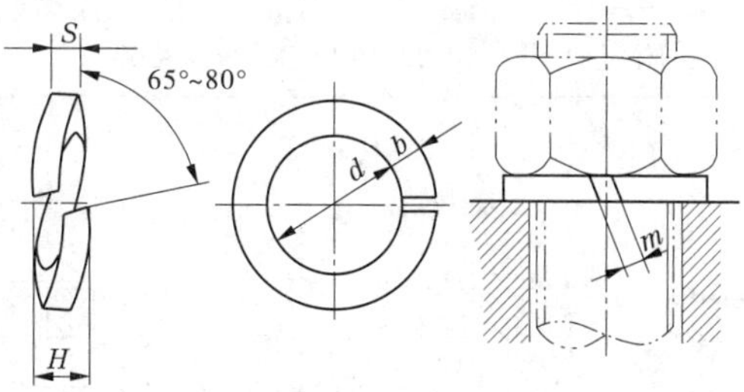

标记示例:

规格 16 mm,材料为 65Mn、表面氧化的标准型弹簧垫圈:

垫圈　GB/T 93　16

规格 (螺纹大径)	d	GB/T 93—1987		GB/T 859—1987		
		S = b	0 < m ≤	S	b	0 < m ≤
3	3.1	0.8	0.4	0.8	1	0.3
4	4.1	1.1	0.50	0.8	1.2	0.4
5	5.1	1.3	0.65	1	1.2	0.55
6	6.2	1.6	0.8	1.2	1.6	0.65
8	8.2	2.1	1.05	1.6	2	0.8
10	10.2	2.6	1.3	2	2.5	1
12	12.3	3.1	1.55	2.5	3.5	1.25
(14)	14.3	3.6	1.8	3	4	1.5
16	16.3	4.1	2.05	3.2	4.5	1.6
(18)	18.3	4.5	2.25	3.5	5	1.8
20	20.5	5	2.5	4	5.5	2
(22)	22.5	5.5	2.75	4.5	6	2.25
24	24.5	6	3	4.8	6.5	2.5
(27)	27.5	6.8	3.4	5.5	7	2.75
30	30.5	7.5	3.75	6	8	3
36	36.6	9	4.5			

五、键、销

附表 D-10　普通平键（GB 1096—2003）　（单位：mm）

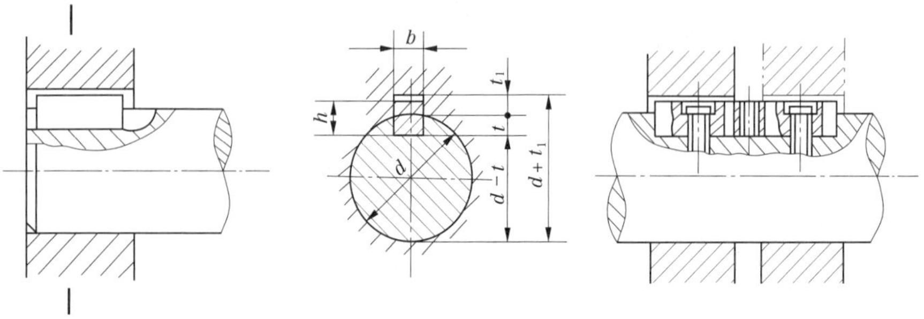

轴	键			键槽										
				宽度 b					深度				半径 r	
				极限偏差					轴 t		毂 t_1			
公称直径 d	b h9	h h11	L h14	较松键连接		一般键连接		较紧键连接						
				轴 H9	毂 D10	轴 N9	毂 Js9	轴和毂 P9	公称尺寸	极限偏差	公称尺寸	极限偏差	最小	最大
>10~12	4	4	8~45	+0.030 0	+0.078 +0.030	0 −0.030	±0.015	−0.012 −0.014	2.5	+0.1 0	1.8	+0.1 0	0.08	0.16
>12~17	5	5	10~56						3.0		2.3		0.16	0.25
>17~22	6	6	14~70						3.5		2.8			
>22~30	8	7	18~90	+0.036 0	+0.098 +0.040	0 −0.036	±0.018	−0.015 −0.051	4.0	+0.2 0	3.3	+0.2 0		
>30~38	10	8	22~110						5.0		3.3		0.25	0.40
>38~44	12	8	28~140	+0.043 0	+0.120 +0.050	0 −0.043	±0.0215	−0.018 −0.061	5.0		3.3			
>44~50	14	9	36~160						5.5		3.8			
>50~58	16	10	45~180						6.0		4.3			
>58~65	18	11	50~200						7.0		4.4			
>65~75	20	12	56~220	+0.052 0	+0.149 +0.065	0 −0.052	±0.026	−0.022 −0.074	7.5		4.9		0.40	0.60
>75~85	22	14	63~250						9.0		5.4			
>85~95	25	14	70~280						9.0		5.4			
95~110	28	16	80~320						10.0		6.4			
L 系列	6,8,10,12,14,16,18,20,22,25,28,32,36,40,45,50,56,63,70,80,90,100,110,125,140,160,180,200,220,250,280,320,360,400,450,500													

注：1. 在工作图中，轴槽深用 t 或 $d-t$ 标注，但 $d-t$ 的偏差应取负号；毂槽深用 t_1 或 $d+t_1$ 标注；轴槽的长度公差 H14。

2. 较松键联接用于导向平键；一般键联接用于载荷不大的场合；较紧键联接用于载荷较大、有冲击和双向转矩的场合。

附表 D-11　半圆键(GB/T 1098、1099.1—2003)　　　　(单位:mm)

半圆键　键和键槽的剖面尺寸（GB/T　1098—2003）

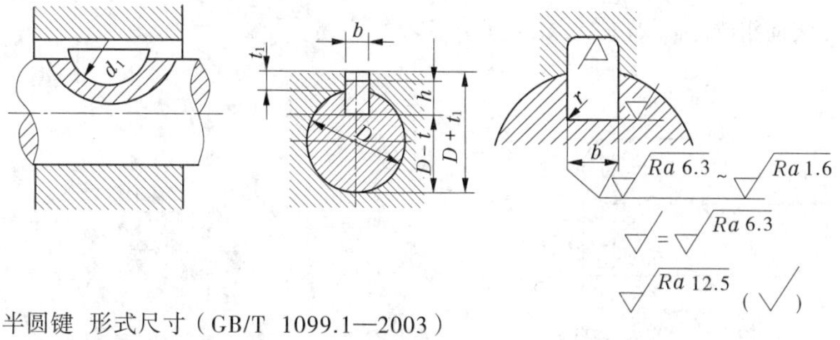

半圆键　形式尺寸（GB/T　1099.1—2003）

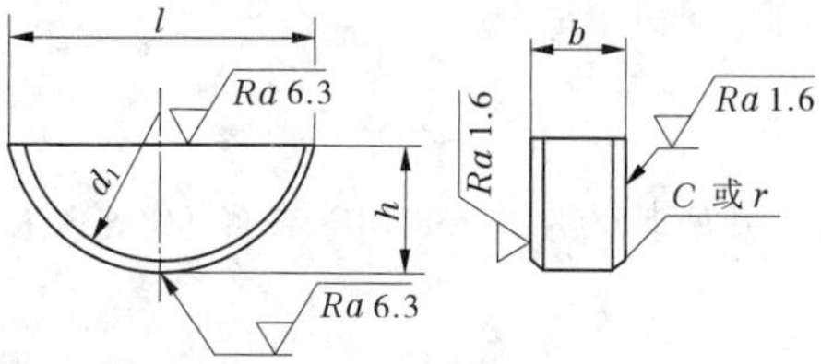

标记示例:

$b=6$ mm、$h=10$ mm、$d_1=25$ mm 的半圆键:

键　6×25　GB/T 1099.1—2003

轴径 D		键	键槽									
			宽度 b				深度				半径 r	
键传递扭矩	键定位用	公称尺寸 $b\times h\times d_1$	公称尺寸	极限偏差			轴 t		毂 t_1			
				一般键联接		较紧键联接						
				轴 N9	毂 Js9	轴和毂 P9	公称尺寸	极限偏差	公称尺寸	极限偏差	最小	最大
自 3~4	自 3~4	1.0×1.4×4	1.0	−0.004 −0.029	±0.012	−0.006 −0.031	1.0	+0.1 0	0.6	+0.1	0.08	0.16
>4~5	>4~6	1.5×2.6×7	1.5				2.0		0.8			
>5~6	>6~8	2.0×2.6×7	2.0				1.8		1.0			
>6~7	>8~10	2.0×3.7×10	2.0				2.9		1.0			
>7~8	>10~12	2.5×3.7×10	2.5				2.7		1.2			
>8~10	>12~15	3.0×5.0×12	3.0				3.8	+0.2 0	1.4			
>10~12	>15~18	3.0×6.5×16	3.0				5.3		1.4		0.16	0.25
>12~14	>18~20	4.0×6.5×16	4.0	0 −0.030	±0.015	−0.012 −0.042	5.0		1.8	0		
>14~16	>20~22	4.0×7.5×19	4.0				6.0		1.8			
>16~18	>22~25	5.0×6.5×16	5.0				4.5		2.3			
>18~20	>25~28	5.0×7.5×19	5.0				5.5		2.3			
>20~22	>28~32	5.0×9.0×22	5.0				7.0		2.3			
>22~25	>32~36	6.0×9.0×22	6.0				6.5	+0.3 0	2.8			
>25~28	>36~40	6.0×10.0×25	6.0				7.5		2.8	+0.2 0	0.25	0.40
>28~32	40	8.0×11.0×28	8.0	0 −0.036	±0.018	−0.015 −0.051	8.0		3.3			
>32~38	—	10.0×13.0×32	10.0				10.0		3.3			

注: $D-t$ 和 $D+t_1$ 两个组合尺寸的极限偏差按相应的 t 和 t_1 的极限偏差选取,但 $D-t$ 极限偏差应取负号。

附表 D-12　圆锥销(GB/T 117—2000)　　(单位:mm)

A 型(磨削):锥面表面粗糙度值 $Ra=0.8\ \mu m$
B 型(切削或冷镦):锥面表面粗糙度值 $Ra=3.2\ \mu m$

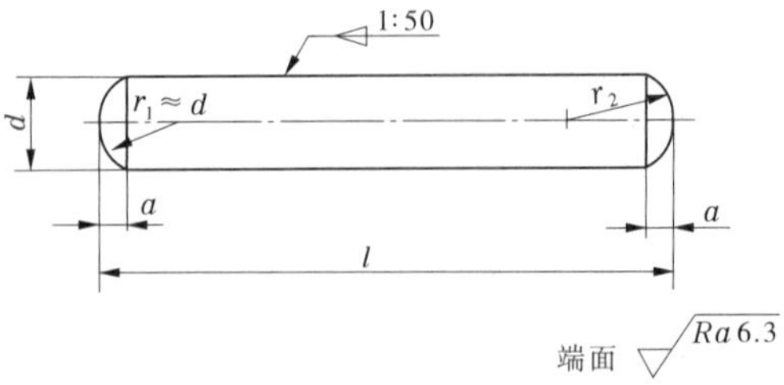

$$r_2=\frac{a}{2}+d+\frac{(0.02l)^2}{8a}$$

标记示例:

公称直径 $d=6$ mm、公称长度 $l=30$ mm、材料为 35 钢、热处理硬度 28 ~ 38HRC、表面氧化处理 A 型圆锥销的标记:

销　GB/T 117　6 × 30

d h10	0.6	0.8	1	1.2	1.5	2	2.5	3	4	5	6	8	10	12	16	20	25	30	40	50
a	0.08	0.1	0.12	0.16	0.2	0.25	0.3	0.4	0.5	0.63	0.8	1	1.2	1.6	2	2.5	3	4	5	6.3
商品规格 l	4 ~ 8	5 ~ 12	6 ~ 16	6 ~ 20	8 ~ 24	10 ~ 35	10 ~ 35	12 ~ 45	14 ~ 55	18 ~ 60	22 ~ 90	22 ~ 120	26 ~ 160	32 ~ 180	40 ~ 200	45 ~ 200	50 ~ 200	55 ~ 200	60 ~ 200	65 ~ 200
l 系列	2,3,4,5,6,8,10,12,14,16,18,20,22,24,26,28,30,32,35,40,45,50,55,60,65,70,75,80,85,90,95,100,120,140,160,180,200																			
技术条件 材料	易切钢:Y12、Y15。碳素钢:35、45。合金钢:30CrMnSiA。不锈钢:1Cr13、2Cr13、Cr17Ni2、0Cr18Ni9Ti																			
技术条件 表面处理	钢:不经处理;氧化;磷化;镀锌钝化。不锈钢:简单处理。其他表面镀层或表面处理,由供需双方协议。所有公差仅适用于涂、镀前的公差																			

注:1. d 的其他公差,如 a11、c11、f 8 由供需双方协议。

2. 若公称长度 200 mm,按 20 mm 递增。

附表 D-13　圆柱销

（单位：mm）

圆柱销　不淬硬钢和奥氏体不锈钢
（GB/T 119.1—2000 摘录）

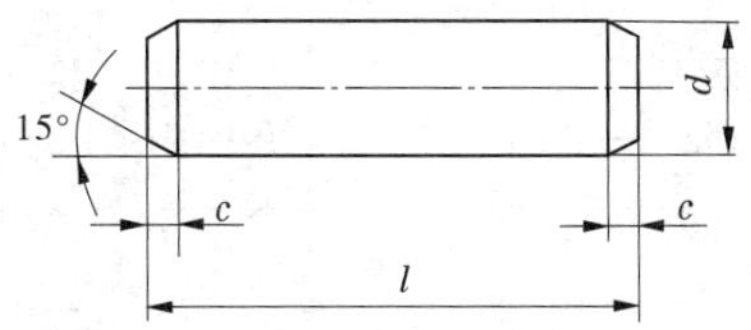

标记示例：

公称直径 $d=6$ mm、其公差为 m6，公称长度 $l=30$ mm、材料为钢、不经淬火、不经表面处理的圆柱销：

销　GB/T 119.1　6m6×30

公称直径 $d=6$ mm、其公差为 m6，公称长度 $l=30$ mm、材料为 A1 组奥氏体不锈钢、表面简单处理的圆柱销：

销　GB/T 119.1　6m6×30—A1

圆柱销　淬硬钢和马氏体不锈钢
（GB/T 119.2—2000 摘录）

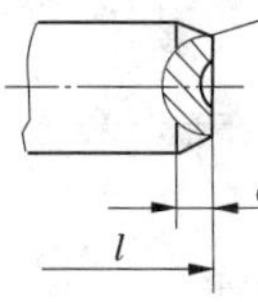

标记示例：

公称直径 $d=6$ mm、其公差为 m6，公称长度 $l=30$ mm、材料为钢、普通淬火（A 型）、表面氧化处理的圆柱销：

销　GB/T 119.2　6×30

公称直径 $d=6$ mm、其公差为 m6，公称长度 $l=30$ mm、材料为 C1 组马氏体不锈钢、表面简单处理的圆柱销：

销　GB/T 119.2　6×30—C1

d m6/h8	0.6	0.8	1	1.2	1.5	2	2.5	3	4	5	6	8	10	12	16	20	25	30	40	50
c	0.12	0.16	0.2	0.25	0.3	0.35	0.4	0.5	0.63	0.8	1.2	1.6	2	2.5	3	3.5	4	5	6.3	8
商品规格 *l*	2～6	2～8	4～10	4～12	4～16	6～20	6～24	8～30	8～40	10～50	12～60	14～80	18～95	22～140	26～180	35～200	50～200	60～200	80～200	95～200
1 m 长的重量（kg）	0.002	0.004	0.006	—	0.014	0.024	0.037	0.054	0.097	0.147	0.221	0.395	0.611	0.887	1.57	2.42	3.83	5.52	9.64	15.2

l 系列		2,3,4,5,6,8,10,12,14,16,18,20,22,24,26,28,30,32,35,40,45,50,55,60,65,70,75,80,85,90,95,100,120,140,160,180,200
技术条件	材料	GB/T 119.1—2000 钢：奥氏体不锈钢 A1。 GB/T 119.2—2000 钢：A 型，普通淬火；B 型，表面淬火；马氏体不锈钢 C1
	表面粗糙度	GB/T 119.1—2000 公差　m6：$Ra \leqslant 0.8$ μm。h8：$Ra \leqslant 1.6$ μm。 GB/T 119.2—2000 $Ra \leqslant 0.8$ μm
	表面处理	钢：不经处理；氧化；磷化；镀锌钝化。不锈钢：简单处理。其他表面镀层或表面处理，应由供需双方协议。所有公差仅适用于涂、镀前的公差

注：1. *d* 的其他公差由供需双方协议。

2. GB/T 119.2—2000　*d* 的尺寸范围为 1～20 mm。

3. 若公称长度大于 200 mm（GB/T 119.1—2000），大于 100 mm（GB/T 119.2—2000），按 20 mm 递增。

六、螺纹零件的结构要素

附表 D-14　螺栓和螺钉通孔及沉孔尺寸　（单位：mm）

螺纹规格	螺栓和螺钉通孔直径 d_h（GB/T 5277—1985 摘录）			沉头螺钉及半沉头螺钉的沉孔（GB/T 152.2—1988 摘录）				内六角圆柱头螺钉的圆柱头沉孔（GB/T 152.3—1988 摘录）				六角头螺栓和六角螺母的沉孔（GB/T 152.4—1988 摘录）			
	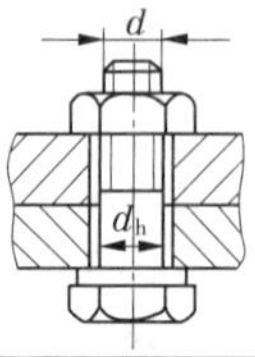			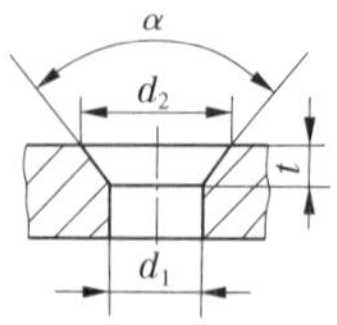				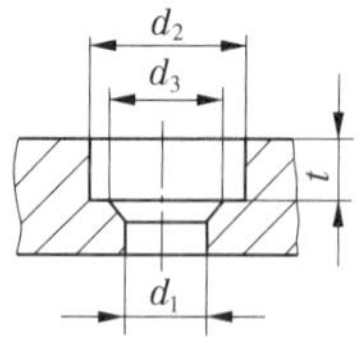				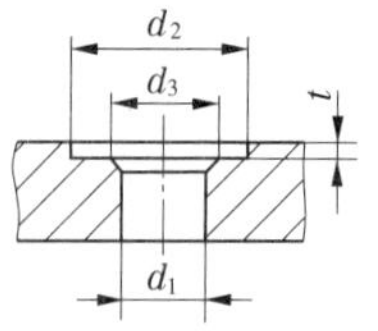			
d	精装配	中等装配	粗装配	d_2	$t\approx$	d_1	α	d_2	t	d_3	d_1	d_2	d_3	d_1	t
M3	3.2	3.4	3.6	6.4	1.6	3.4		6.0	3.4		3.4	9		3.4	只要能制出与通孔轴线垂直的圆平面即可
M4	4.3	4.5	4.8	9.6	2.7	4.5		8.0	4.6		4.5	10		4.5	
M5	5.3	5.5	5.8	10.6	2.7	5.5		10.0	5.7		5.5	11		5.5	
M6	6.4	6.6	7	12.8	3.3	6.6		11.0	6.8	—	6.6	13	—	6.6	
M8	8.4	9	10	17.6	4.6	9		15.0	9.0		9.0	18		9.0	
M10	10.5	11	12	20.3	5.0	11		18.0	11.0		11.0	22		11.0	
M12	13	13.5	14.5	24.4	6.0	13.5		20.0	13.0	16	13.5	26	16	13.5	
M14	15	15.5	16.5	28.4	7.0	15.5	$90°^{-2°}_{-4°}$	24.0	15.0	18	15.5	30	18	13.5	
M16	17	17.5	18.5	32.4	8.0	17.5		26.0	17.5	20	17.5	33	20	17.5	
M18	19	20	21	—	—	—		—	—	—	—	36	22	20.0	
M20	21	22	24	40.4	10.0	22		33.0	21.5	24	22.0	40	24	22.0	
M22	23	24	26					—	—	—	—	43	26	24	
M24	25	26	28					40.0	25.5	28	26.0	48	28	26	
M27	28	30	32	—	—	—		—	—	—	—	53	33	30	
M30	31	33	35					48.0	32.0	36	33.0	61	36	33	
M36	37	39	42					57.0	38.0	42	39.0	71	42	39	

附表 D-15　普通粗牙螺纹的余留长度、钻孔余留深度（参考）　（单位：mm）

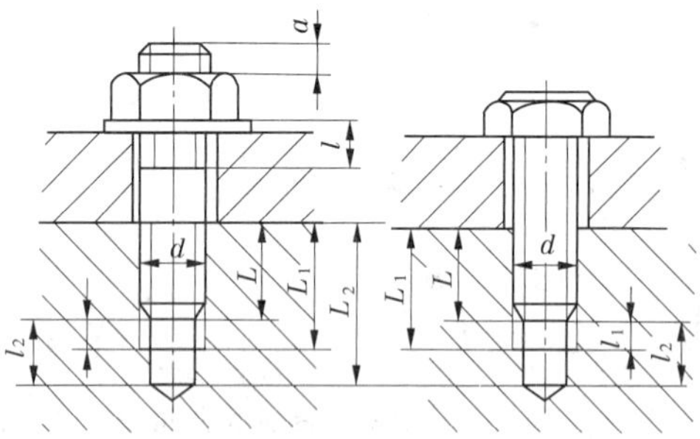

拧入深度 L 由设计者决定：钻孔深度 $L_2=L+l_2$；螺孔深度 $L_1=L+l_1$

螺纹直径 d	余留长度 内螺纹 l_1	余留长度 外螺纹 l	余留长度 钻孔 l_2	末端长度 a
5	1.5	2.5	5	1~2
6	2	3.5	6	1.5~2.5
8	2.5	4	8	
10	3	4.5	9	2~3
12	3.5	5.5	11	
14、16	4	6	12	2.5~4
18、20、22	5	7	15	
24、27	6	8	18	3~5
30	7	9	21	
36	8	10	24	4~7
42	9	11	27	
48	10	13	30	6~10
56	11	16	33	

附录E　轴　承

附表 E-1　深沟球轴承

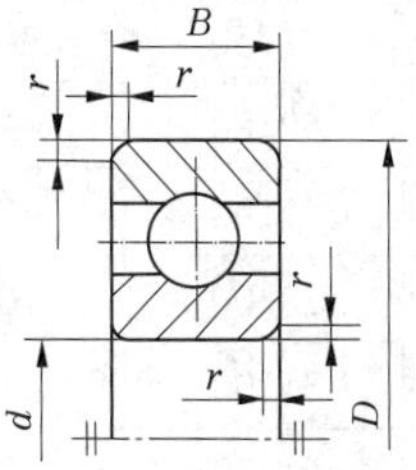

标准外形

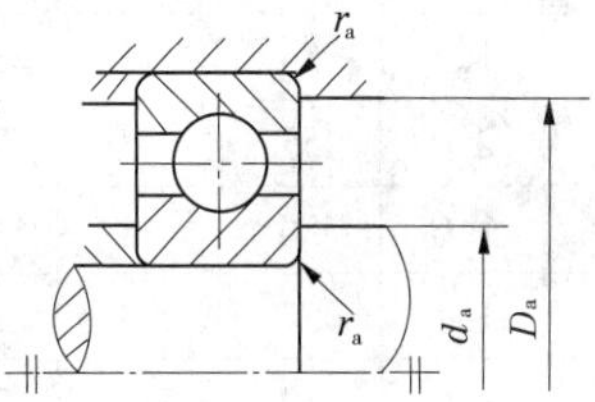

安装尺寸

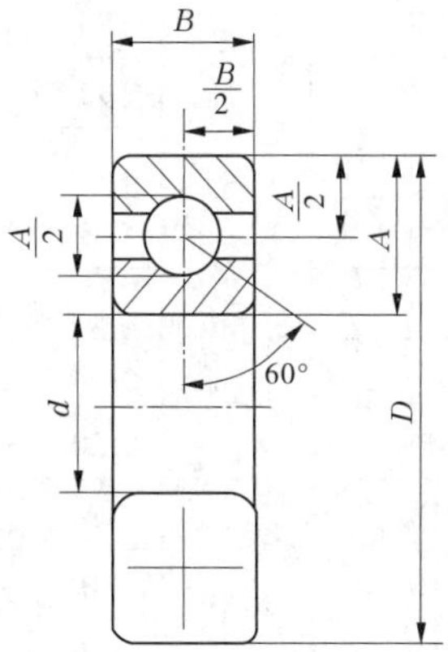

简化画法

轴承代号	基本尺寸(mm)				安装尺寸(mm)			基本额定动载荷 C(kN)	基本额定静载荷 C_0(kN)
	d	D	B	r_{min}	d_{amin}	D_{amax}	r_{amax}		
6004	20	42	12	0.6	25	37	0.6	9.38	5.02
6204		47	14	1.0	26	41	1.0	12.80	6.65
6304		52	15	1.1	27	45	1.0	15.80	7.88
6404		72	19	1.1	27	65	1.0	31.00	15.20
6005	25	47	12	0.6	30	42	0.6	10.00	5.85
6205		52	15	1.0	31	46	1.0	14.00	7.88
6305		62	17	1.1	32	55	1.0	22.20	11.50
6405		80	21	1.5	34	71	1.5	38.20	19.20
6006	30	55	13	1.0	36	49	1.0	13.20	8.30
6206		62	16	1.0	36	56	1.0	19.50	11.50
6306		72	19	1.1	37	65	1.0	27.00	15.20
6406		90	23	1.5	39	81	1.5	47.50	24.5
6007	35	62	14	1.0	41	56	1.0	16.20	10.50
6207		72	17	1.1	42	65	1.0	25.50	15.20
6307		80	21	1.5	44	71	1.5	33.20	19.20
6407		100	25	1.5	44	91	1.5	56.80	29.50

续附表 E-1

轴承代号	基本尺寸(mm)				安装尺寸(mm)			基本额定动载荷 C(kN)	基本额定静载荷 C_0(kN)
	d	D	B	r_{min}	d_{amin}	D_{amax}	r_{amax}		
6008	40	68	15	1.0	46	62	1.0	17.00	11.80
6208		80	18	1.1	47	73	1.0	29.50	18.00
6308		90	23	1.5	49	81	1.5	40.80	24.00
6408		110	27	2.0	50	100	2.0	65.50	37.50
6009	45	75	16	1.0	51	69	1.0	21.10	14.80
6209		85	19	1.1	52	78	1.0	31.50	20.50
6309		100	25	1.5	54	91	1.5	52.80	31.80
6409		120	29	2.0	55	110	2.0	77.50	45.50
6010	50	80	16	1.0	56	74	1.0	22.00	16.20
6210		90	20	1.1	57	83	1.0	35.00	23.20
6310		110	27	2.0	60	100	2.0	61.80	38.00
6410		130	31	2.1	62	118	2.1	92.20	55.20
6011	55	90	18	1.1	62	83	1.0	30.20	21.80
6211		100	21	1.5	64	91	1.5	43.20	29.20
6311		120	29	2.0	65	110	2.0	71.50	44.80
6411		140	33	2.1	67	128	2.1	100.00	62.50
6012	60	95	18	1.1	67	88	1.0	31.50	24.20
6212		110	22	1.5	69	101	1.5	47.80	32.80
6312		130	31	2.1	72	118	2.1	81.80	51.80
6412		150	35	2.1	72	138	2.1	108.00	70.00
6013	65	100	18	1.1	72	93	1.0	32.00	24.80
6213		120	23	1.5	74	111	1.5	57.20	40.00
6313		140	33	2.1	77	128	2.1	93.80	60.50
6413		160	37	2.1	77	148	2.1	118.00	78.50
6014	70	110	20	1.1	77	103	1.0	38.50	30.50
6214		125	24	1.5	79	116	1.5	60.80	45.00
6314		150	35	2.1	82	138	2.1	105.00	68.00
6414		180	42	3.0	84	166	2.5	140.00	99.50
6015	75	15	20	1	82	108	1.0	40.20	33.20
6215		130	25	1.5	84	121	1.5	66.00	49.50
6315		160	37	2.1	87	148	2.1	112.00	76.80
6415		190	45	3.0	89	176	2.5	155.00	115.00

注:1. 标准摘自 GB 276—2013 滚动轴承、深沟球轴承外形尺寸。

2. 表中 r_{min} 为 r 的单向最小倒角尺寸,r_{amax} 为 r_a 的单向最大倒角尺寸。

附表 E-2　角接触球轴承

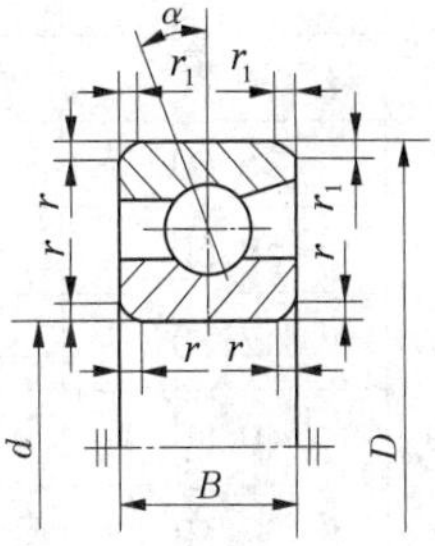

标准外形

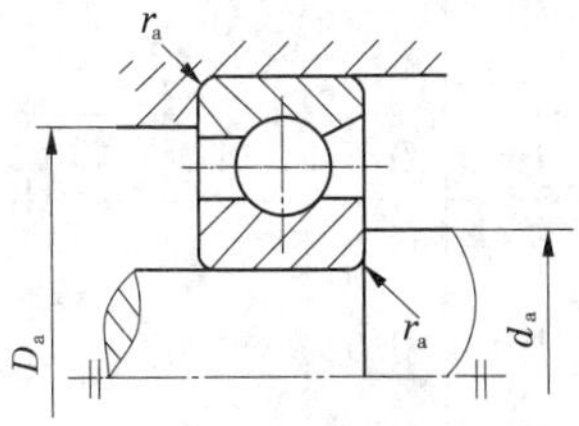

安装尺寸

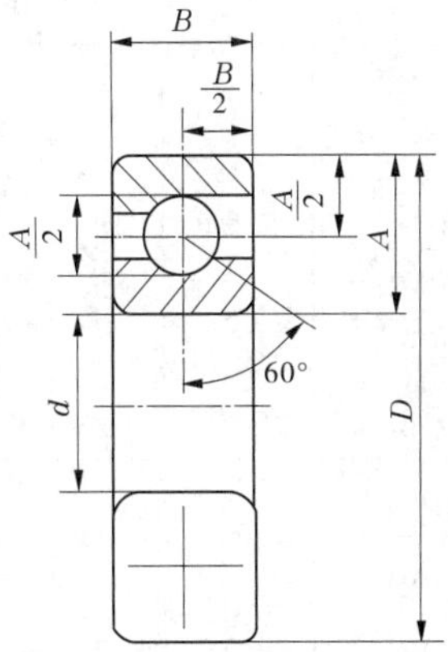

简化画法

轴承代号	基本尺寸(mm)				安装尺寸(mm)				基本额定动载荷 C(kN)	基本额定静载荷 C_0(kN)
	d	D	B	r_{min}	r_{1min}	d_{amin}	D_{amax}	r_{amax}		
7204C	20	47	14	1.0	0.3	26	41	1.0	14.50	8.22
7204AC									14.00	7.82
7204B									14.00	7.85
7205C	25	52	15	1.0	0.3	31	46	1.0	16.50	10.50
7205AC									15.80	9.88
7205B									15.80	9.45
7305B		62	17	1.1	0.6	32	55	1.0	26.20	15.20
7206C	30	62	16	1.0	0.3	36	56	1.0	23.00	15.00
7206AC									22.00	14.20
7206B									20.50	13.80
7306B		72	19	1.1	0.6	37	65	1.0	31.00	19.20
7207C	35	72	17	1.1	0.6	42	65	1.0	30.50	20.00
7207AC									29.00	19.20
7207B									27.00	18.80
7307B		80	21	1.5	0.6	44	71	1.5	38.20	24.50
7208C	40	80	18	1. 1	0.6	47	73	1.0	36.80	25.80
7208AC									35.20	24.50
7208B									32.50	23.50
7308B		90	23	1.5	0.6	49	81	1.5	46.20	30.50
7408B		110	27	2.0	1.0	50	100	2.0	67.00	47.50

续附表 E-2

轴承代号	基本尺寸(mm)				安装尺寸(mm)				基本额定动载荷 C(kN)	基本额定静载荷 C_0(kN)
	d	D	B	r_{min}	r_{1min}	d_{amin}	D_{amax}	r_{amax}		
7209C	45	85	19	1.1	0.6	52	78	1.0	38.50	28.50
7209AC									36.80	27.20
7209B									36.00	26.20
7309B		100	25	1.5	0.6	54	91	1.5	59.50	39.80
7210C	50	90	20	1.1	0.6	57	83	1.0	42.80	32.00
7210AC									40.80	30.50
7210B									37.50	29.00
7310B		110	27	2.0	1.0	60	100	2.0	68.20	48.00
7211C	55	100	21	1.5	0.6	64	91	1.5	52.80	40.50
7211AC									50.50	38.50
7211B									46.20	36.00
7311B		120	29	2.0	1.0	65	110	2.0	78.80	56.50
7212C	60	110	22	1.5	0.6	69	101	1.5	61.00	48.50
7212AC									58.20	46.20
7212B									56.00	44.50
7312B		130	31	2.1	1.1	72	118	2.1	90.00	66.30
7213C	65	120	23	1.5	0.6	74	111	1.5	69.80	55.20
7213AC									66.50	52.50
7213B									62.50	50.20
7313B		140	33	2.1	1.1	77	128	2.1	102.00	77.80
7214C	70	125	24	1.5	0.6	79	116	1.5	70.20	60.00
7214AC									69.20	57.50
7214B									70.20	57.20
7314B		150	35	2.1	1.1	82	138	2.1	115.00	87.20
7215C	75	130	25	1.5	0.6	84	121	1.5	79.20	65.80
7215AC									75.20	63.00
7215B									72.80	62.00
7315B		160	37	2.1	1.1	87	148	2.1	125.00	98.50

注:1. 标准摘自 GB 292—2007 滚动轴承、角接触球轴承(单列)外形尺寸。

2. 表中 r_{min}、r_{1min} 分别为 r、r_1 的单向最小倒角尺寸。r_{amax} 为 r_a 的单向最大倒角尺寸。

3. 轴承代号中的 C、AC、B 分别代表轴承接触角 $\alpha = 15°$、$25°$、$40°$。

附表 E-3　圆锥滚子轴承

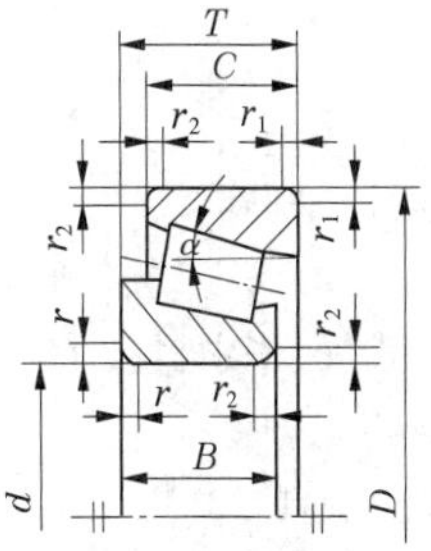

标准外形

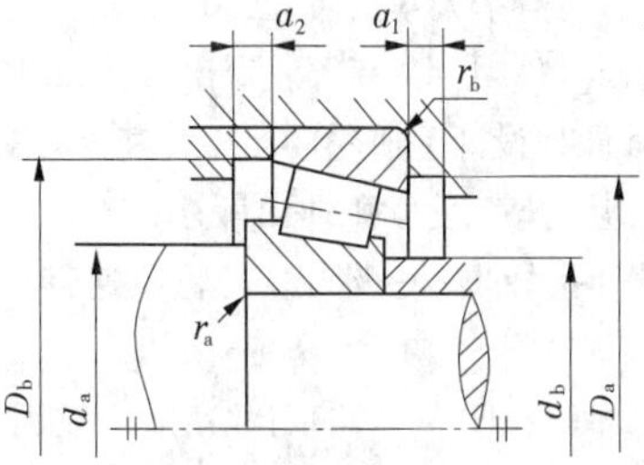

安装尺寸

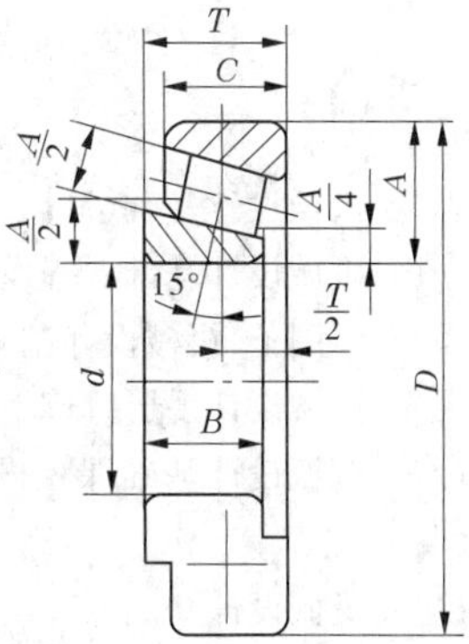

简化画法

轴承代号	基本尺寸(mm)					安装尺寸(mm)				基本额定动载荷 C(kN)	基本额定静载荷 C_0(kN)	计算系数		
	d	D	T	B	C	d_a	d_b	D_a	D_b			e	Y	Y_0
30204	20	47	15.25	14	12	26	27	41	43	28.2	30.5	0.35	1.7	1.0
30304		52	16.25	15	13	27	28	45	48	33.0	33.2	0.3	2.0	1.1
30205	25	52	16.25	15	13	31	31	46	48	32.2	37.0	0.37	1.6	0.9
30305		62	18.25	17	15	32	34	55	58	46.8	48.0	0.3	2.0	1.1
30206	30	62	17.25	16	14	36	37	56	58	43.2	50.5	0.37	1.6	0.9
30306		72	20.75	19	16	37	40	65	66	59.0	63.0	0.31	1.9	1.0
30207	35	72	18.25	17	15	42	44	65	67	54.2	63.5	0.37	1.6	0.9
30307		80	22.75	21	18	44	45	71	74	75.2	82.5	0.31	1.9	1.0
30208	40	80	19.75	18	16	47	49	73	75	63.0	74.0	0.37	1.6	0.9
30308		90	25.25	23	20	49	52	81	84	90.8	108.0	0.35	1.7	1.0
30209	45	85	20.75	19	16	52	53	78	80	67.8	83.5	0.4	1.5	0.8
30309		100	27.75	25	22	54	59	91	94	108.0	130.0	0.35	1.7	1.0
30210	50	90	21.75	20	17	57	58	83	86	73.2	92.0	0.42	1.4	0.8
30310		110	29.25	27	23	60	65	100	103	130.0	158.0	0.35	1.7	1.0
30211	55	100	22.75	21	18	64	64	91	95	90.8	115.0	0.4	1.5	0.8
30311		120	31.50	29	25	65	70	110	112	152.0	188.0	0.35	1.7	1.0
30212	60	110	23.75	22	19	69	69	101	103	102.0	130.0	0.4	1.5	0.8
30312		130	33.50	31	26	72	76	118	121	170.0	210.0	0.35	1.7	1.0
30213	65	120	24.75	23	20	74	77	111	114	120.0	152.0	0.4	1.5	0.8
30313		140	36.0	33	28	77	83	128	131	195.0	242.0	0.35	1.7	1.0
30214	70	12	26.25	24	21	79	81	116	119	132.0	175.0	0.42	1.4	0.8
30314		150	38.0	35	30	82	89	138	141	218.0	272.0	0.35	1.7	1.0
30215	75	130	27.25	25	22	84	85	121	125	138.0	185.0	0.44	1.4	0.8
30315		160	40.0	37	31	87	95	148	150	252.0	318.0	0.35	1.7	1.0

注：标准摘自 GB/T 297—2015 滚动轴承、圆锥滚子轴承(单列)外形尺寸。

参考文献

[1] 张志光. 机械设计基础[M]. 北京:清华大学出版社,2011.
[2] 陈立德. 机械设计基础课程设计[M]. 北京:高等教育出版社,2013.
[3] 吴泽宗,罗国圣. 机械设计基础课程设计手册[M]. 北京:高等教育出版社,2006.
[4] 成大先. 机械设计手册[M]. 5 版. 北京:化学工业出版社,2008.
[5] 张玲莉. 机械设计基础课程设计指导书:一级圆柱齿轮减速器[M]. 武汉:华中科技大学出版社,2011.
[6] 袁祖强. 机械设计基础课程设计指导书[M]. 北京:北京航空航天大学出版社,2013.
[7] 黄晓荣. 机械设计基础课程设计指导书[M]. 北京:中国电力出版社,2009.
[8] 王凤平. 机械设计基础课程设计指导书[M]. 北京:机械工业出版社,2010.